W0212478

Caterpillar
REG. U.S. PAT. OFF.
CATERPILLAR
D2

Caterpillar Diesel
RD-8
CATERPILLAR

Eric C. Orlemann

Caterpillar Chronik

DIE GESCHICHTE DER WELTGRÖSSTEN ABRÄUMMASCHINEN

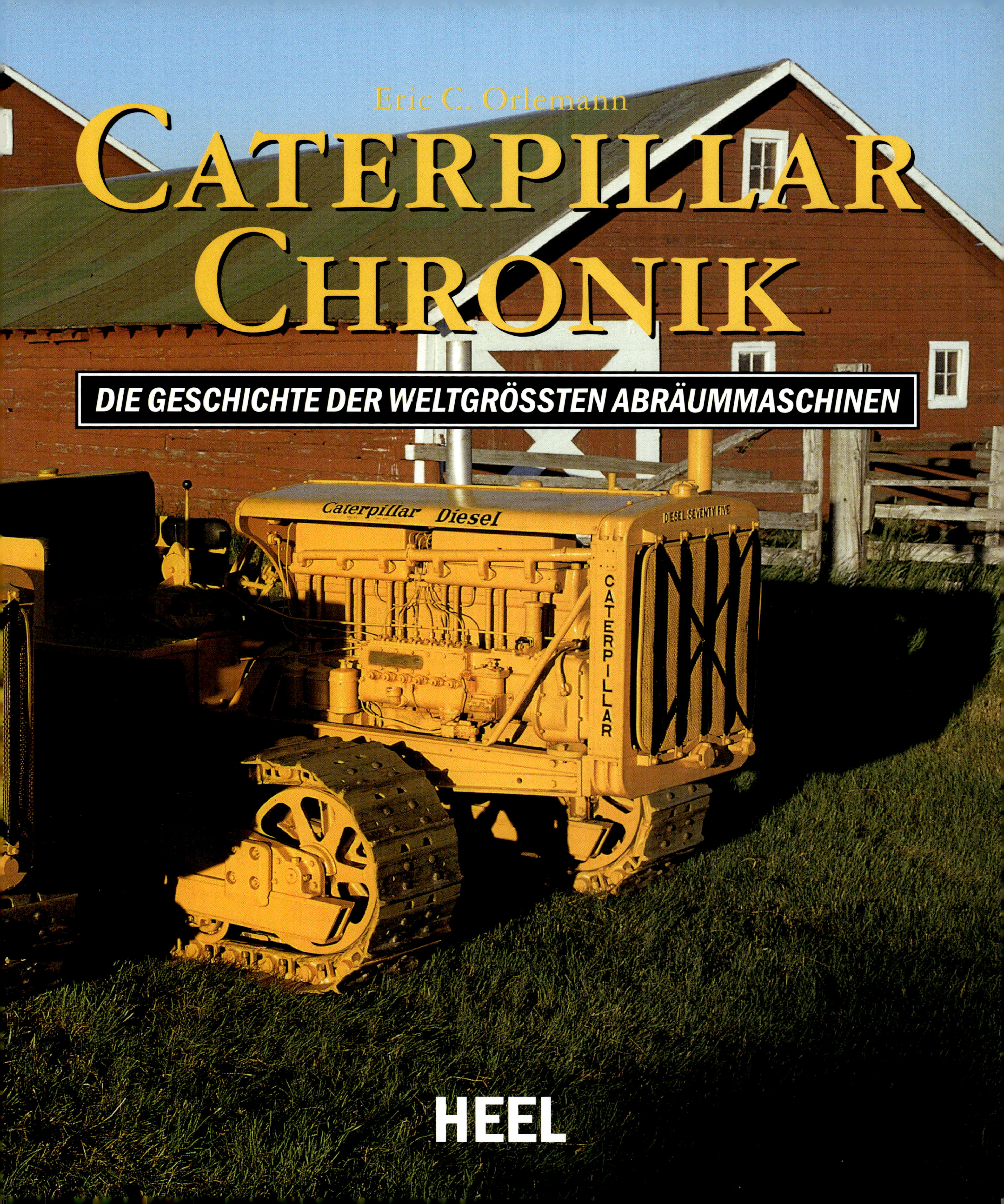

HEEL

Impressum

Heel Verlag GmbH
Gut Pottscheidt
53639 Königswinter
Tel.: 0 22 23 / 92 30 - 0
Fax: 0 22 23 / 92 30 26

Deutsche Ausgabe:
© 2001 by Heel Verlag GmbH

Englische Originalausgabe:
2000 by MBI Publishing Company LLC
USA
Englischer Originaltitel: Caterpillar Chronicle
© 2000 by Eric C. Orlemann

Deutsche Übersetzung: Walther Wuttke
Lektorat: Joachim Hack
Satz: ARTCOM, Ruth Jungbluth, Königswinter
Druck: PROOST NV, Belgien

- Alle Rechte vorbehalten -

Printed and bound in Belgium

ISBN 3-89365-917-X

Umschlagvorderseite: *Die Bagger der im Oktober 1992 vorgestellten Baureihe 5130 gehören zu den größten ihrer Art. Der abgebildete 5130 ME kam 1996 auf den Markt, hat eine knapp zehn Kubikmeter fassende Schaufel und kann knapp neun Meter tief graben. Foto: Eric C. Orlemann*

Seite 1: *Das Modell D2 war zwar einer der kleinsten Schlepper, brachte es aber auf beachtliche Stückzahlen. Zwischen 1938 und 1957 entstanden 45.615 Exemplare. Das abgebildete Modell gehört Tom Novak. Foto: ECO*

Seite 2/3: *Die beiden Schlepper (RD-8 von 1936 und Diesel Seventy-Five aus 1934) gehören zur Sammlung von Max Tyler, Montana. Foto: ECO*

Umschlagrückseite (oben): *Der 797 ist der größte Lastwagen der Welt und wird von einem 3224 PS starken Diesel angetrieben. Seine Ladekapazität beträgt 360 Tonnen.*

Umschlagrückseite (unten): *Der Sixty ist der klassische Schlepper. Er begann 1919 seine Laufbahn als Best 60 und wurde 1925 zu einem Caterpillar-Modell. Das Exemplar aus dem Jahr 1925 (Seriennummer 5089A) gehört Doug Veerkamp, Kalifornien. Foto: ECO*

INHALT

CATERPILLAR
CATERPILLAR
D10

DANKSAGUNGEN

Es wäre unmöglich gewesen, ein derartiges Buch ohne die Hilfe von Caterpillar Inc., Peoria, Illinois, zu schreiben. Bei den folgenden Persönlichkeiten, die entweder noch bei Caterpillar arbeiten oder aber bereits pensioniert sind, möchte ich mich daher besonders bedanken: Jeff Hawkinson, Sharon L. Holling, Sandie Watson, Lea McCall, Mary Turpin, Carl Vols, Ron Nusbaum, Angela M. Mayers, Benjamin S. Cordani, Catherine Wells, William F. Pullman, Lorri Porter, Shirley Streib, Pete J. Holman, John Ingle, Doug Bailey, Bill Burris, Sam Kershaw, Tom Passarelli, Eldon D. Oestman, James A. McMillan, Bob Price, David C. Janzen, Robert J. Grob, Paul Corcoran, Elmer Crabb, Ed Staley, Bob Purcell, James E. Gee, Larry Clancy und John F. Cooper.

Gleichzeitig möchte ich auch Dank sagen bei Stephan Ihnken, Paul N. Hurlbut und Naldo B. Coelho vom Caterpillar Image Center, die sich um die historischen Aufnahmen aus dem Caterpillar-Archiv kümmerten.

Für die geleistete Hilfe bei neuen Aufnahmen der historischen Best-, Holt- und Caterpillar-Modelle muss ich mich bei den folgenden Personen bedanken, die mich ihre Schlepper fotografieren ließen und die mir dabei halfen: Dave Smith und Marv Ferry (Oregon), Keith Clark und John Ives (Washington), Ron Miller (Michigan), Larry Maasdam (Iowa), George E. Logue (Pennsylvania), Doug Veerkamp, Ed Akin, Wayne Swart, Bob Russel, Dick Railing, Laurence Darrach, Don Dougherty und Bill Santos (alle Kalifornien), Allen F. Anderson und Paul Kirsch (Oregon), Tom Novak (Ohio), Max, Paul und Mike Tyler (Montana).

Bei den folgenden Zeitgenossen bedanke ich mich für die Vorbereitungen der Fotositzungen und Archivarbeiten: Josy Applegate und Allen Konkel von Altorfer, Inc., Eileen Grafton von Peterson Tractor Co., Don „Bart" Bartholomew, General Tractor, Thomas Berry und der Historical Construction Equipment Association, Antique Caterpillar Machinery Owners Club, Dick Ryan (Oregon), Tom Osborne (Wyoming) und Nance Dania (Ohio).

Zum Schluss geht mein Dank noch an die Co-Autoren Randy Leffingwell (Kalifornien), Keith Haddock (Alberta, Kanada), Lorry Dunning und die Joseph A. Heidrick, Sr. Foundation (Davis, Kalifornien) sowie an den Fotografen Urs Peyer aus der Schweiz.

Eric C. Orlemann

Decatur, Illinois 2000

EINLEITUNG

Am 15. April 2000 feierte das Unternehmen Caterpillar, der weltweit größte Spezialist für Erdbewegungsmaschinen aller Art, sein 75-jähriges Bestehen. Gleichzeitig wurde das Markenzeichen „Caterpillar" 90 Jahre alt. Allerdings geht die Geschichte des Konzerns bis 1870 zurück, als einer der Firmengründer, Daniel Best, seinen ersten transportablen Mähdrescher in Kalifornien in Betrieb nahm. Seitdem hat eine Innovation nach der anderen Best und den anderen Caterpillar-Gründer, Benjamin Holt, in die Annalen der Landwirtschafts- und Erdbewegungstechnikgeschichte gebracht.

Fast hat es den Anschein, als würde uns der Raupenschlepper seit ewigen Zeiten begleiten. Dabei handelt es sich um eine Entwicklung des 20. Jahrhunderts, die ihre Entstehung (in der Landwirtschaft wie beim Militär) zu einem großen Teil dem ersten experimentellen Dampfschlepper verdankt, den Holt Ende 1904 konstruierte. Dennoch wird die Entwicklung der Raupenschlepper und Erdbewegungsmaschinen in den Rückblicken auf das vergangene Jahrhundert gar nicht oder höchstens am Rande erwähnt. Wenn man nun alles für bare Münze nehmen würde, was über die Bildschirme flimmert, würde man die weitreichenden Auswirkungen dieser Maschinen auf unser tägliches Leben überhaupt nicht zur Kenntnis nehmen.

Die Schöpfungen von Best, Holt und schließlich Caterpillar haben Schlüsselrollen in der industriellen und urbanen Entwicklung gespielt. Automobile zum Beispiel wären nicht so hoch entwickelt, wenn Caterpillar-Maschinen nicht die Erde aus dem Weg geräumt hätten, um moderne Straßen entstehen zu lassen. Und auch Flugzeuge könnten ohne breite und ebene Landebahnen weder starten noch landen. Riesige Hochhäuser, Staudämme oder Minen mussten irgendwann mal ein Fundament bekommen, und in den meisten Fällen waren daran wahrscheinlich in irgendeiner Form Maschinen von Caterpillar beteiligt. Es fällt schwer, sich unseren aktuellen Lebensstil ohne sie vorzustellen. Maschinen, die Erde bewegen, und landwirtschaftliche Ausrüstungen, wie sie von Caterpillar hergestellt werden, bringen die Welt auf Touren. Fast alles in unserer modernen Welt beginnt mit diesen Gerätschaften.

Heute ist Caterpillar ein weltweit agierender Konzern, der nicht nur Baumaschinen und Minenfahrzeuge herstellt, sondern auch Dieselmotoren und Turbinen, große Generatoren, Trecker und Maschinen für die Waldwirtschaft produziert. Das dichte Netz von Niederlassungen wird von der ganzen Industrie neidvoll betrachtet. Dabei ist es nicht leicht, die Nummer eins zu bleiben. Schließlich nimmt Caterpillar in fast allen Bereichen eine führende Rolle ein, ohne dass man sich allerdings auf den Lorbeeren ausruhen kann. Jede Produktlinie steht in Konkurrenz mit anderen Herstellern, die sich mitunter auf ein einziges Produkt konzentrieren, was den Druck auf die Ingenieure des Unternehmens verstärkt, sie aber auch immer wieder anspornt, die besten Lösungen für die Kundschaft zu entwickeln.

Dieses Buch beleuchtet die begeisternden Konstruktionen von Caterpillar und den beiden Gründungsunternehmen Best und Holt. Von den ersten Raupenschleppern bis zu den aktuellen gigantischen Maschinen zeigen wir die besten und großartigsten Caterpillar-Maschinen der letzten Jahrzehnte. Dieses Buch ist weniger eine Geschichte des Unternehmens als vielmehr eine Vorstellung der Maschinen und Fahrzeuge. Doch dabei wäre es unmöglich, alle jemals hergestellten Gerätschaften des Hauses vorzustellen. Alleine im Jahre 2000 bot Caterpillar 300 unterschiedliche Geräte an. Daher mussten wir entscheiden, welche Modelle wir in diesem Buch darstellen konnten. Es war dabei weniger schwer, die ersten Schlepper und Ausrüstungen von den zwanziger bis zu den fünfziger Jahren darzustellen. Doch mit den Sechzigern beschränken wir uns auf die wichtigsten Maschinen. Vom Ende der siebziger Jahre an bis heute wird die Zahl von Neuentwicklungen so überwältigend, dass nur noch die wichtigsten Produktlinien und bedeutendsten Neuvorstellungen dargestellt werden können. In den ersten Kapiteln folgt den Produktnamen häufig eine in Klammern gesetzte Abfolge von Zahlen und Buchstaben. Sie bezeichnet eine Modellserie oder einen ganz bestimmten Maschinentyp. In den ersten Jahren zum Beispiel baute Holt verschiedene Versionen des „75" Treckers. Sie bekamen dann ganz bestimmte Identifikationsnummern wie T-6 oder T-8, was den eingesetzten Motor definierte. Die meisten dieser Bezeichnungen waren der Öffentlichkeit unbekannt. Höchstens die Männer, die sie reparierten oder bedienten, kannten sie. Sie werden in diesem Buch verwendet, um eine Unterscheidung der einzelnen Maschinen zu ermöglichen. Im Jahre 1925, nachdem die Caterpillar Tractor Co. entstanden war, wählte man eine Standardbezeichnung für die einzelnen Modelle, die „Serial Number Prefix Code" genannt wurde und bis in die fünfziger Jahre beibehalten wurde. Diese Kodierung ist für die Sammler und Freunde des Hauses mitunter der einzige Weg, die verschiedenen Schlepper auseinander zu halten. Bei den moderneren Modellen dient der Code als Mittel, um dem Leser die verschiedenen Modelleinführungen oder Überarbeitungen zu verdeutlichen. Bis heute wird diese Art der Identifizierung benutzt.

Caterpillar ist ohne Zweifel eines der führenden Unternehmen auf dem Gebiet der Schwermaschinen. Und so wie es aussieht, ist die Firma gut vorbereitet, ihre hervorragende Marktposition beizubehalten.

THE BEST MANF'G Co.
SAN LEANDRO CAL
No
175

1

„DAS SIEHT JA AUS WIE EINE MONSTERRAUPE!“

BEST UND HOLT SCHAFFEN EIN PHÄNOMEN

Die achtziger und neunziger Jahre des 19. Jahrhunderts waren für die amerikanischen Farmer eine ganz entscheidende Periode. Der Wilde Westen war weitgehend gezähmt, der kalifornische Goldrausch verflogen, und der von Pferden gezogene Pflug stand kurz vor seiner Neuerfindung. Das galt übrigens auch für die anderen Erntemethoden. Die beiden Schlüsselfiguren in dieser Entwicklung waren Benjamin Holt und Daniel Best. Diese beiden Männer sollten die Geschichte der mechanisierten Landwirtschaft entscheidend verändern. Sie übten auch einen entscheidenden Einfluss auf den Straßenbau und das Militär aus, doch das war ihnen nicht klar. Für Holt und Best waren im ausgehenden 19. Jahrhundert die fruchtbaren Felder Kaliforniens der Ausgangspunkt für ihre wichtige Rolle in der Geschichte der amerikanischen Industrialisierung.

Benjamin Holt begann seine Laufbahn im Sägewerk seines Vaters in Concord, New Hampshire. Die Firma hatte sich auf Holz für die Herstellung von Kutschen spezialisiert. Freilich gab es da das Problem, dass sich das Klima in Concord nicht besonders für die Aufbereitung des für die Räder gebrauchten Holzes eignete.

1869 eröffnete Benjamins Bruder Charles ein Unternehmen in San Francisco. C. H. Holt & Company spezialisierte sich auf den Holzverkauf an Hersteller von Kutschen und Booten. Das Holz kaufte er in der väterlichen Firma. In San Francisco, bekannt für ein eher feuchtes Klima, gelang es aber ebenso wenig wie in Concord, das Holz zu trocknen. Charles blickte sich daher im Hinterland um und fand schließlich in Stockton die idealen Voraussetzungen für seine Firma. Die Stadt in der Nähe des San Joaquin Valley war über den San-Joaquin-Fluss mit San

Der ebenso starke wie beeindruckende Schlepper Best 110 beherrschte die großen Felder der westlichen USA. Das abgebildete Modell stammt aus dem Jahr 1904 und gehört heute der Joseph A. Heidrick, Sr. Foundation. Foto: ECO

Die Mähdrescher von Best der siebziger und achtziger Jahre des 19. Jahrhunderts waren umfangreiche Maschinen, die eine Vielzahl von Pferden verlangte. Die Dampfmaschinen machten später die Vierbeiner arbeitslos. Foto: Caterpillar

Francisco verbunden und bot ein wesentlich trockneres Klima. 1883 kam Benjamin nach Stockton, wo er zusammen mit seinem Bruder Charles die Stockton Wheel Company gründete.

Die beiden Brüder hatten jedoch weiter gehende Interessen und wollten mehr als „nur“ Räder produzieren. Zum Beispiel ganze Mähdrescher. Schließlich lag mit dem fruchtbaren San Joaquin Valley ein großer Markt vor ihrer Haustür. Sie kauften also einige Patente und begannen 1885 mit der Entwicklung ihres Mähdrescher-Modells. Ein Jahr später stellte das Unternehmen den „Holt Bros. Improved Link Belt Combined Harvester“ vor. Bei ihrem Modell ersetzten Ketten und Zahnräder die bisher üblichen Flaschenzüge. Ihr System war sicherer und litt weniger unter mechanischen Defekten, die den Pferden leicht Schrecken einjagen und bei den Bauern zu Verletzungen führen konnten.

Die Holt 70 hp Senior Road Engine war die größte Maschine, die das Unternehmen in jenen Jahren anbot. Foto: Caterpillar

Die Holts hatten bald einen guten Namen unter den Produzenten von landwirtschaftlichen Geräten und brachten verstärkt ihre innovativen Produkte auf den Markt. 1890 kam ein später im Jahre 1892 patentierter Mähdrescher auf den Markt, mit dem man auch im hügeligen Gelände arbeiten konnte. Dank entsprechend einstellbarer Räder ließ sich die Maschine der Geländeform anpassen. Die Dreschvorrichtung blieb stets in der Waage. Während man noch mit der Entwicklung dieses Mähdreschers beschäftigt war, begann sich Benjamin für Schlepper zu interessieren. 1890 enthüllte er seinen ersten Schlepper, dem er den Namen „Old Betsy“ gegeben hatte. Bei der mit Dampf betriebenen Maschine ließ sich der Antrieb wahlweise auf ein Rad konzentrieren, was die anderen Hersteller nicht bieten konnten. 1893 wurde diese Entwicklung patentiert.

1892 hatten die Holt-Brüder den Namen ihres Unternehmens von Stockton Wheel Company in Holt Manufacturing Company geändert, um so ihre neuen Produkte besser verkaufen zu können. Benjamin Holt übernahm die Leitung des Unternehmens. Daniel Best hatte auch Erfahrungen im Holzgeschäft gemacht, kam aber auf Umwegen in die Welt der Industrie. Während Benjamin Holt im Betrieb seiner Familie aufgewachsen war, war Best eine Art Wanderer. In den frühen zwanziger Jahren verließ er seine Heimat in Iowa, um sein Glück im Westen zu suchen. In Steptoville, Washington, arbeitete er in einem Sägewerk. Diese Arbeit kannte er von seiner Familie, die ebenfalls ein Sägewerk besessen hatte. Nachdem er mit einem eigenen Unternehmen gescheitert war, versuchte er sich in Portland, Oregon, in einem anderen Werk, wo er aber bald aufhörte, um mit einem Partner in eine Goldmine im südlichen Washington zu investieren. Er hatte einigen Erfolg, doch gerade als er an der Schwelle zum Wohlstand stand, verlor er sein ganzes Vermögen und beinahe sein Leben, als sein Floß im Snake River in einer Stromschnelle unterging. Andere Männer wären daran verzweifelt, Best jedoch nicht.

Zwischen 1862 und 1869 arbeitete er mit wechselndem Erfolg in Minen und Sägewerken. 1869 schließlich kam er nach Marysville, Kalifornien, und arbeitete auf der Farm seines älteren Bruders Henry.

Dort beobachtete er, dass sein Bruder wie alle anderen Farmer das geerntete Getreide in die Stadt brachte, wo es vor dem Verkauf gesäubert wurde. Den zeitraubenden Transport betrachtete Best als seine Chance. Er begann darüber nachzudenken, ob es nicht vielleicht eine Möglichkeit geben könnte, die Maschine zu den Bauern zu bringen, damit sich diese den Weg in die Stadt sparen könnten. Diese Idee sollte sich in den nächsten Monaten und Jahren als äußerst gewinnbringend erweisen.

Den Winter verbrachte Best zusammen mit seinen Brüdern Henry und Zachariah mit der Entwicklung einer transportablen Maschine, die bei der kommenden Ernte eingesetzt werden sollte. Seine Schöpfung war so erfolgreich, dass Best sie sich im April 1871 patentieren ließ.

Doch Best war ein Mann, der ständig nach Möglichkeiten suchte, seinen Gewinn zu vergrößern. Allerdings war sein neuerlicher Ausflug in die Welt der Goldminen 1874 nicht von Erfolg gekrönt. Er ließ sich nebenbei sogar noch die Weiterentwicklung einer Waschmaschine im April 1877 patentieren. Um 1880 war Best wieder zurück in den Feldern, um weitere Erntemaschinen für die kalifornischen Farmer zu entwickeln. Diese Maschinen kombinierten den Erntevorgang mit dem Säubern und dem Packen in Säcken. Ähnliche Gerätschaften waren in den östlichen Bundesstaaten bereits im Einsatz, konnten aber mit Bests Schöpfung nicht mithalten.

1886 schließlich führte das Wachstum seines Unternehmens zur Gründung der „Daniel Best Agricultural Works" im kalifornischen San Leandro. Die Farmer verlangten freilich von Herstellern wie Best und Holt immer größere Maschinen, die schließlich so riesig wurden, dass sie von Pferden kaum noch gezogen werden konnten. Best fand bald die Lösung, nachdem diese eines Tages im Jahre 1888 buchstäblich an seinem Bürofenster vorbei gefahren.

In jenem Frühjahr nahm Best an einer Vorführung eines Dampfschleppers teil, den ein Schmied namens Marquis de Laffayette Remington gebaut hatte. Das erste derartige Gefährt war bereits 1885 in dessen Werkstatt in Woodburn, Oregon, entstanden. Dieser erste Dampfschlepper war von einem gewissen Nathaniel Porter Slate aus Tangent, Oregon, entwickelt worden. Remington erhielt die Rechte daran als Schuldentilgung. Slate stand bei ihm mit 600 Dollar in der Kreide. Im Januar 1888 erkannte das Patentamt sein Design an. Zwei Monate später präsentierte er seinen zweiten Dampfschlepper in San Leandro direkt vor Bests Büro. Best war von dem „Rough and Ready" genannten Schlepper derart begeistert, dass er die Rechte an der 30 PS starken Maschine für die Westküste mit Ausnahme von Oregon kaufte. Remington baute insgesamt nur sechs Schlepper. Best machte sich sofort an die Arbeit, um die Dampfmaschine mit seinen Erntemaschinen zu kombinieren. Am 8. Februar 1889 war der erste Best-Dampfschlepper fertig. Dies war der Anfang vom Ende der traditionellen Erntemethoden mit Pferden und Maultieren – die Mechanisierung der Landwirtschaft hatte begonnen.

Eine Allianz wird geschlossen und gebrochen

An der Schwelle zum 20. Jahrhundert boten Holt und Best ihre Dampf getriebenen Erntemaschinen an. Bei Holt waren vor allem die 40 PS starke „Junior Road Engine" aus dem Jahre 1891, die 60 PS leistende Standardmaschine aus dem Jahre 1895 sowie die 70 PS leistende „Senior Road Engine" bei der ländlichen Kundschaft beliebt. Best machte sich einen Namen mit dem 50 PS starken Dampfschlepper aus dem Jahr 1889 und dem zwei Jahre später folgenden, 110 PS leistenden Modell. Die Maschinen von Holt und Best waren allgemein als „Dampfer" bekannt.

Obwohl sich die Produktlinien der beiden Unternehmen fast wie ein Ei dem anderen ähnelten, hatte die Kundschaft sehr eindeutige Präferenzen. Auf dem Feld waren die „Dampfer" von Best wegen ihrer hohen Leistung beliebt, während die Erntemaschinen von Holt in wesentlich größerer Zahl gekauft wurden. Bis 1912 hatte Best 1351 Dampfmaschinen verkauft. Holt hingegen war rund 8000 Erntemaschinen in den verschiedenen Größen los geworden.

Die Holt Tracked Road Engine war das erste Modell, bei dem die Räder durch Ketten ersetzt worden waren. Das Bild des Prototypen mit Pliny Holt im Führerstand wurde im März 1905 vom Fotografen Charles Clements aufgenommen. Foto: Caterpillar

Der 1908 gebaute 25 PS starke Schlepper Holt 40 (Nummer 1004) war der zweite von einem Benzinmotor angetriebene Raupenschlepper. Nummer 1003 war das erste an einen Kunden verkaufte Gerät. Diese Holt 40 steht heute in der Joseph A. Heidrick, Sr. Foundation und ist der älteste noch existierende Holt-Schlepper. Foto: ECO

Der abgebildete Northern Holt 458 ist eine von zwei Maschinen, die Pliny Holt in der Northern Holt Co. in Minneapolis, Minnesota baute. Zwei weitere Exemplare entstanden 1909 in Kanada. Das letzte heute noch existierende Exemplar, Nummer 102, gehört dem Fred C. Heidrick Ag Historic Center. Foto: Randy Leffingwell

Die ersten Schlepper, die Clarence Leo Best nach der Trennung von Holt baute, rollten wie dieser C.L.B. 80 hp aus dem Jahr 1914 auf Rädern. Nur 38 Exemplare des von einem Buffalo-Motor angetriebenen Schlepper wurden zwischen 1911 und 1916 gebaut. Foto: Caterpillar

Der 1914 vorgestellte C.L.B. 75 Tracklayer war eine verbesserte Version des C.L.B. 70 Tracklayer aus dem Jahr 1912. Dieses seltene Exemplar gehört heute zur Sammlung von Laurence Darrach, Kalifornien, der die Maschine von seinem Vater übernahm, der sie 1919 im letzten Produktionsjahr gekauft hatte. Foto: ECO

Die Legende bekommt einen Namen

Im Jahre 1905 wurde der Name „Caterpillar" zum ersten mal im Zusammenhang mit einer Schöpfung von Holt bekannt. Charles Clements, ein häufig von Holt beauftragter Fotograf, ist angeblich dafür verantwortlich.
Ein Jahrzehnt später beschreibt er in einem Brief, den er im Auftrag von Holt schrieb, wie es dazu kam:

STOCKTON, CALIFORNIA
APRIL 30th, 1915,
MR. P. EHRENFELDT, Secretary, The Holt Manufacturing Company
Stockton, California

Sehr geehrter Herr,
Ihrem Wunsch nach einer Erklärung entsprechend, wie es zu dem Namen „Caterpillar" in Verbindung mit dem Schlepper kam, darf ich sagen, dass ich es war, der den Namen erfand. Und so kam es dazu:
Eines Nachmittags im März 1905 wurde ich angerufen und aufgefordert, mich vorzubereiten, um einige Fotos zu machen, wobei nicht mehr gesagt wurde. Unten warteten bereits die Herren Benj. Holt und P. E. (Pliny) Holt in einem Automobil. Der Letztgenannte fuhr. Wir fuhren Richtung Westen und erreichten schließlich Roberts Island. Ich hatte nur die Information, dass ich eine Maschine fotografieren sollte. Als wir uns der Holt Ranch näherten, sahen wir einen Dampfschlepper in der Entfernung. Mr. Benjamin Holt meinte, „sie laufen nicht". Ich bemerkte das Fehlen der großen Räder und sagte, „sie sind defekt". Daraufhin drehte sich Mr. P. E. Holt um, sah mich an, sagte aber nichts. Plötzlich bemerkte ich, dass sich das Gerät bewegte, sagte aber nichts, weil ich dachte, dass sich der Motor auf einer Art Kahn befand, der über einen Kanal geschleppt wurde, der offensichtlich durch die dort wachsende Gerste versteckt wurde. Während dieser Zeit näherten wir uns der Gerätschaft, als sie sich plötzlich zwischen uns und dem Gerstenfeld bewegte. Ich war starr vor Schrecken. Als ich aus dem Wagen sprang, rief ich laut, „also wenn das nicht mal wie eine Monsterraupe (Caterpillar) aussieht". Bei dieser Bemerkung wurde Mr. Benj. Holt rot und fragte mich lächelnd, was ich dachte. Ich antwortete: „Selbst ein Kind würde sich nicht irren. Sehen sie sich doch nur die wellenförmigen Bewegungen an. (Das ursprüngliche Modell lief ziemlich träge, wobei die Wellen wegen der Holzlatten bei gut 30 Zentimetern lagen.)
Nachdem sie die Maschine überprüft hatten, stiegen die Herren Benj. Holt und P. E. Holt auf und fuhren über das Feld, wobei Mr. P. E. Holt die Regie übernahm. Währenddessen belichtete ich drei Platten. In mein Büro zurückgekehrt, entwickelte ich die Aufnahmen, steckt sie in Umschläge und schrieb „Caterpillar" darauf. Ich erzählte Mr. J. Hardy, dem damaligen Chefzeichner, was ich am Tag zuvor gesehen hatte, zeigte ihm die Negative und den Namen, worüber er herzlich lachte.
Zwei Tage später kam Mr. P. E. Holt in die Zeichenabteilung und fragte mich, ob ich die Aufnahmen der Maschine hatte. Ich sagte ihm, dass ich nicht wüsste, was er wolle, woraufhin er meinte, „Sie haben die Maschine doch vorgestern auf unserer Ranch fotografiert." „Oh, Sie meinen die Raupe (Caterpillar)", sagte ich. „Nun", sagte er, „wie immer Sie sie auch nennen, geben Sie mir drei Drucke so schnell wie möglich." Danach führte ich noch weitere Bestellungen aus.
Kurz danach schickte mir Mr. P. E. Holt ein Magazin mit dem Namen „Farm Implement News", von dessen Titelseite er eine Kopie haben wollte. Nachdem ich das gemacht hatte, fügte ich dieses Negativ den anderen drei hinzu. Übrigens befand sich auf der kopierten Titelseite eine Illustration, die von einem Druck der Negative stammte, die ich auf der Holt-Ranch belichtet hatte. Wie erwähnt saß Mr. P. E. Holt an der Kontrolle.

Indem ich Ihnen die gewünschten Informationen überreiche, verbleibe ich
hochachtungsvoll
C. Clemens
Unterschrieben und vor mir beschworen am 1. Mai 1915
R. E. Mann
Öffentlicher Notar in und für das County of San Joaquin, State of California.

Die Dampfschlepper der beiden Produzenten hatten keine Probleme, wenn der Untergrund stabil und trocken war, doch bei feuchter Erde fuhren sie sich schnell fest, was beide Produzenten durch die Verbreiterung der Räder auszugleichen versuchten. Dennoch ließ sich das Problem damit nicht lösen. Man musste also nach einer anderen Lösung suchen. Und diese Lösung kam mit der Einführung der Raupenketten.

Obwohl Benjamin Holt nicht die Idee für dieses Konzept hatte, ist er dennoch dafür verantwortlich, dass sich die Raupenketten schließlich durchsetzten. Er wurde dabei von einem Lombard-Schlepper angeregt, der in der Forstwirtschaft eingesetzt wurde. Holt entwickelte allerdings seine eigene Lösung, die er am 24. November 1904 auf dem Land seiner Familie in Stockton testete. Er hatte die Hinterräder des Schleppers Nummer 77 gegen Ketten austauschen lassen. Die ersten Tests auch auf weichem Untergrund verliefen ermutigend.

In den beiden folgenden Jahren testete das Unternehmen weitere Prototypen. Schließlich wurde Ende 1906 die siebte Weiterentwicklung, Schlepper Nummer

1914 kam der Holt 18 Midget auf den Markt. Es war das kleinste Modell seiner Art und war in erster Linie für Obstbauern und Winzer bestimmt. 1917 endete die Produktion. Das Exemplar (Nummer 7079) gehört dem Fred C. Heidrick Ag Historic Center. Foto: Randy Leffingwell

Das 1912 vorgestellte Holt Baby 30 war eine verkleinerte Version des Holt 40. Die Produktion lief 1916 aus. Das abgebildete Modell aus dem Jahr 1914 befindet sich im Besitz der Joseph A. Heidrick Sr. Foundation. Foto: ECO

111, „Holt Brothers Paddle Wheel Improved Tractor Engine", an einen zahlenden Kunden verkauft. Tatsächlich ausgeliefert wurde die Maschine aber erst Anfang 1907. Die Aufzeichnungen über die einzelnen Test-Schlepper sind etwas verwirrend, doch offensichtlich wurden sieben Entwicklungen auf drei Dampffahrwerken ausprobiert. Die siebte Entwicklung wurde bei Nummer 111 getestet.

Der Austausch der Räder gegen Ketten war nicht der einzige technische Fortschritt. In jenen Jahren begann auch der Verbrennungsmotor seinen Siegeszug. Holt war von dem neuen Antrieb so beeindruckt, dass er im Oktober 1906 zusammen mit einem seiner Neffen, Pliny E. Holt, die Aurora Engine Company in Stockton gründete, um sich intensiv der Weiterentwicklung von Benzinmotoren anzunehmen. 1913 wurde das Unternehmen in die Holt Manufacturing integriert.

Im Dezember 1906 wurde der erste von einem Benzinmotor angetriebene Holt-Schlepper-Prototyp getestet. Anfang 1908 folgte das zweite Exemplar. Im gleichen Jahr entstand ein Holt Model 40 (Seriennummer 1003) mit Benzinmotor und wurde an einen zahlenden Kunden ausgeliefert. Es war der erste „Caterpillar"-Schlepper mit Verbrennungsmotor. Diese ersten Vierzylinder-Aggregate leisteten 25 PS. Bis November 1909 wurden insgesamt 56 Schlepper in Stockton her-

Der Holt 60 war die stärkere Variante des Holt 40/45-Schleppers. Das 1911 vorgestellte Modell wurde in Stockton und Peoria gebaut. Die Exemplare aus Stockton trugen die Bezeichnung Model T-7, während die Schlepper aus Peoria Holt 40-60 Model T-4 genannt wurden. Dieses Gerät aus dem Jahr 1913 (Nummer 1838) ist heute im Besitz von Larry Maasdam (Iowa) und Ron Miller (Michigan). Foto: ECO

gestellt. Eine zweite Serie von ungefähr 72 Exemplaren des Modells 40 T-2 entstand 1913 in Peoria.

Der Wettbewerb zwischen Holt und Best erreichte 1905 seinen Höhepunkt, als Best einen Prozess gegen Holt wegen angeblicher Patentverletzungen anstrengte. Der Fall beschäftige die Gerichte in den Jahren 1906 und 1907, doch bevor ein Urteil gesprochen werden konnte, einigten sich die beiden Unternehmen und begannen Gespräche über einen Zusammenschluss. Daniel Best war inzwischen 70 Jahre alt, was ihn veranlasste, sich Gedanken über einen Verkauf seines Unternehmens an Holt zu machen. Am 8. Oktober 1908 schließlich ging sein Anteil an Best Manufacturing an Benjamin und Charles Holt. Gleichzeitig stellte er aber sicher, dass sein Sohn Clarence Leo Best die Fertigung in San Leandro als Präsident weiter führen würde. Dies war eine Schlüsselposition, doch die Holt-Brüder hatten nach wie vor die Kontrolle über das Unternehmen.

Die Holts dachten unterdessen an Expansion und zwar in Richtung Osten. 1909 gründete Pliny Holt die Northern Holt Company in Minneapolis, Minnesota. Freilich entwickelten sich die Geschäfte dort nicht wie erwartet. Im Osten hatten die Kettenmaschinen nur einen minimalen Vorteil gegenüber den Radschleppern. Die zusätzlichen Kosten für diese Art von Fahrzeugen waren beträchtlich, was das Unterfangen bald scheitern ließ. Gerade zwei Schlepper wurden gebaut und verkauft.

In Minneapolis erfuhr Pliny allerdings, dass in Illinois Produktionsanlagen verfügbar waren, die sich für seine Zwecke eigneten. In East Peoria, Illinois, war die Colean Manufacturing Company gerade zahlungsunfähig geworden, so dass die relativ neuen Produktionsanlagen zum Verkauf standen. Colean hatte sich auf den Bau von Dresch- und Dampfmaschinen spezialisiert. Es war schlicht die ideale Lösung für Holt. Am 25. Oktober 1909 wurde der Handel besiegelt und Peoria wurde die neue Heimat des Unternehmens. Bei der Gründung im Januar des folgenden Jahres trug die Firma den Namen The Holt „Caterpillar" Company, die 1914 schlicht als The Holt Manufacturing Company bekannt war. So wurde auch die ursprüngliche Firma in Stockton genannt. Der Name „Caterpillar" war bereits 1910 als Markenname für das Unternehmen geschützt worden.

In San Leandro fühlte sich C. L. Best gar nicht wohl bei Holt. Viele seiner Ideen wurden von der Holt-Familie ab-

Mit dem Holt 75 Model T-8 endete die Produktion dieser Baureihe. Das 1921 vorgestellte Modell, das ausschließlich in Stockton gebaut wurde, unterschied sich deutlich von seinen Vorgängern. Am Ende der Bauzeit waren nur 67 Einheiten produziert worden. Das abgebildete Exemplar gehört heute zur Sammlung von Larry Maasdam (Iowa). Foto: ECO

gelehnt, die im Aufsichtsrat des Unternehmens das Sagen hatte. Schließlich hatte Best genug und verließ 1910 zusammen mit einigen loyalen Ingenieuren die Firma. Eigentlich, so sah es der Vertrag vor, den sein Vater 1908 unterschrieben hatte, durfte er nach seinem Ausscheiden zehn Jahre lang keine Position in der Schlepper-Industrie einnehmen, doch Best kümmerte sich nicht weiter darum und gründete in Elmhurst, Kalifornien, die C. L. Best Gas Traction Company. Der Sohn hatte viel Ähnlichkeit mit seinem Vater. Der Krieg zwischen den beiden Familien konnte aufs Neue beginnen.

Zuerst baute Best Radschlepper, die von großvolumigen Motoren der Buffalo Gasoline Motor Co., Buffalo, New York, angetrieben wurden. Der kleinste war der C.L.B. 25 hp (Modell 25-30), von dem zwischen 1910 und 1913 nur zehn Exemplare produziert wurden.

Dem folgte der C.L.B. 40 hp (40-45), der zwischen 1910 und 1915 in der Modellpalette stand. Ungefähr 17 dieser von einem großen Vierzylinder angetriebenen Schlepper wurden gebaut. Von 1911 bis 1915 baute man den C.L.B. 54 hp, von dem 18 an die Kunden ausgeliefert wurden.

Die erfolgreichsten Best-Modelle waren die zwischen 1910 und 1916 gebauten Modelle der Baureihe C.L.B. 60 hp (60-70) und der zwischen 1911 und 1916 hergestellte C.L.B. 80, die von kraftvollen Buffalo-Sechszylindern angetrieben wurden. 35 beziehungsweise 38 Exemplare gingen an die ländliche Kundschaft. Best entwickelte auch einen C.L.B. 90 hp Schlepper mit einem großvolumigen Vierzylinder. Allerdings ist es fraglich, ob er jemals tatsächlich gebaut wurde.

Eine weitere Entwicklung dieses Jahres brachte Best den geschäftlichen Durchbruch. Ende 1912 kam der erste Raupenschlepper des Unternehmens mit Verbrennungsmotor auf den Markt: der C.L.B. 70 hp Tracklayer. In dieser Maschine vereinte Best viele fortschrittliche Details, die man bei Holt nicht kaufen konnte, wie zum Beispiel hochwertigen Stahl. Angetrieben wurde der Schlepper von einem von Best entwickelten Vierzylinder. 1914 wurde aus dem „70" der „75" Tracklayer. Beide Schlepper waren äußerlich fast identisch, allerdings war der „75" stärker und schwerer, dabei aber genauso robust wie der Holt 75. Diese Schlepper wurden bald so beliebt, dass Best 1916 die ehemalige Fabrik seines Vaters in San Leandro kaufen konnte. Holt hatte seine gesamte Herstellung 1913 dort abgezogen. Nun standen dem Unternehmen wesentlich größere Kapazitäten zur Verfügung. Bis zum Produktionsende 1919 hatte Best 734 Schlepper gebaut. Darunter befanden sich auch einige Schlepper mit Rädern, die einen Durchmesser von 2,25 Metern hatten.

Best entwickelte und baute zudem auch den großen C.L.B. 90 hp und den C.L.B. 120 hp. Der 90 hp Rau-

Der Holt 120 Model T-9 war speziell für militärische Zwecke entwickelt worden. Er war zu seiner Zeit der stärkste Schlepper mit Hilfsrad für die Lenkung und erwarb sich einen legendären Ruf auf den europäischen Schlachtfeldern. Nur wenige Exemplare existieren heute noch. Dazu gehört dieses Modell, das sich heute im Besitz vom Fred C. Heidrick Ag Historic Center befindet. Foto: Randy Leffingwell

penschlepper war eine größere Variante des „75" und kam 1916 auf den Markt. Als Antrieb diente ein Best-Vierzylinder. Die Ketten waren 60 Zentimeter länger als beim „75" und liefen über sieben Rollen. Die kürzeren Raupenschlepper hatten nur fünf. 1917, nach 39 produzierten Exemplaren, endete die kurze Bauzeit des „90". Über den „120" ist wenig bekannt. Offensichtlich wurde ein Exemplar 1916 und vier weitere 1917 gebaut. Anscheinend waren sie Testkandidaten für einen möglichen militärischen Einsatz. Heute existiert kein Exemplar mehr.

Während C. L. Best nur zwei Raupenschlepper in seinem Lieferprogramm hatte, bot Holt eine komplette Modellpalette der „Caterpillar"-Schlepper an. Der Erfolg des Holt 40 führte direkt zur Einführung der 45-Serie, die sich vor allem durch den Einsatz des Vierzylinders Holt M-1 vom Modell 40 unterschied. Die 45-Serie wurde sowohl in Stockton als auch in Peoria gebaut. Die Variante aus Stockton wurde als 40-45 bekannt und zwischen 1909 und 1911 gebaut. Die aus Peoria stammenden Versionen entstanden zwischen 1910 und 1913 und standen als Holt 30-45 (T-1) im Katalog. Insgesamt produzierte man in Stockton 145 und in Peoria 94 Exemplare.

Kunden, die etwas mehr Leistung verlangten, konnten den Holt 60 Caterpillar ordern, der in beiden Holt-Fabriken hergestellt wurde. Er wurde im Mai 1911 eingeführt. Das Modell (T-7) wurde vom Holt M-6-Vierzylinder angetrieben. Das Peoria-Modell stand als Holt 40-60 im Katalog und wurde ebenfalls 1911 vorgestellt. Der 40-60 (T-4) hatte den Holt-M-3-Motor, der im Gegensatz zum Stockton-Aggregat einen L-Kopf hatte. Die 60-Serie war bei den Kunden sehr beliebt, was sich in guten Verkaufszahlen ausdrückte. Beim Produktionsende 1916 waren 260 Schlepper des T-4 verkauft. Vom T-7 konnten 691 Exemplare bis 1915 ausgeliefert werden. 63 Einheiten gingen an das Militär.

Wollte die Kundschaft noch mehr Leistung, so konnte das Unternehmen den Holt 75 anbieten. Der kräftige Schlepper war das am besten verkaufte Caterpillar-Modell des Unternehmens. Der Schlepper bewährte sich nicht nur auf dem Feld, er war auch ein hervorragendes Gerät beim Straßenbau und wurde auch von verschiedenen Armeen im Ersten Weltkrieg eingesetzt. Der „75" wurde in beiden Holt-Fabriken hergestellt. Das erste Modell der Baureihe war der 1913 eingeführte Holt 60-75 (A-NVS), der in Stockton produziert wurde. Als Antrieb diente der hauseigene Vierzylinder. Von 1916 an wurde der größere Schlepper, der Holt 75 (T-8), in Kalifornien und Illinois hergestellt. Der größte Teil der Peoria-Produktion ging an das Militär. Diese Schlepper unterschieden sich von den Stockton-Versionen vor allem durch die Kühlung und die Anordnung der Ketten.

In den Jahren 1914 und 1915 stellte die Fabrik in Peoria eine Sonderserie des Holt 75 (T-6) her, die sich vor allem durch den Einsatz der L-Kopf-Motoren auszeichnete. Wegen Problemen mit dem Motor gingen allerdings nur 16 Exemplare an die Kundschaft.

1915 kam der Holt 120 (Model T-9) auf den Markt, der viele Teile mit dem Holt 75 gemeinsam hatte, aber über einen Sechszylindermotor verfügte. Alle Holt 120 entstanden in Peoria. Das letzte Produktionsjahr war 1922. Foto: Randy Leffingwell

1921 kam die letzte Version des Holt 75 aus Stockton mit verbessertem Kühler und einem neuen Layout der Ketten auf den Markt. Diese Variante galt dennoch als T-8 und wurde bis 1924 produziert. Nur 67 Exemplare dieses letzten Stockton-Modells wurden hergestellt. Insgesamt verließen 4161 Exemplare die Fabriken, von denen 1810 Einheiten an das Militär ausgeliefert wurden.

Der Wunsch des Militärs nach einem Artillerieschlepper in der 20-Tonnen-Kategorie führte zur Entwicklung des Holt 120. Die erste getestete Serie dieses Schleppers war der 120 Model A-PEP des Jahres 1914. Als Antrieb diente ein großer Holt-Sechszylinder, der jedoch Probleme bereitete und eine Serienproduktion bis 1915 verhinderte. Der Schlepper Holt 120 (T-9) besaß einen Holt M-8, der ebenfalls sechs Zylinder – allerdings mit L-Kopf – aufwies. Der Schlepper hatte eine Nennleistung von 120 PS, die rund 25 Tonnen bewegen mussten. Der Raupenschlepper von Best hatte gerade 75 PS und musste noch mehr Eigengewicht bewegen. So gut wie alle gebauten Holt 120 gingen an die britische und amerikanische Armee, die sie im Ersten Weltkrieg einsetzten. Bis Ende 1922 wurden insgesamt 698 Exemplare gebaut, von denen 676 militärischen Zwecken dienten. Heute haben weniger als eine Handvoll überlebt.

In dieser Epoche baute Holt aber auch kleinere Modelle wie den Holt Baby 30 und das Model 18 Midget. Beide Modelle waren für Obstbauern und Winzer gedacht, die kleine, aber wendige Maschinen benötigten. Holt Baby 30 kam 1912 auf den Markt, ähnelte stark den größeren Modellen, war aber kleiner für die neuen Einsatzgebiete. Der Holt 18 Midget kam 1914 und hatte den Holt-Motor mit L-Kopf. Vom Modell Baby konnte Holt 301, vom Midget 347 Einheiten verkaufen. Beide Varianten wurden in Stockton produziert.

Die von Holt und Best in dieser Epoche gebauten Modelle wurden alle über ein vorderes Hilfsrad gesteuert, was einen großen Wendekreis zur Folge hatte. Wollte man in den Feldern tatsächlich die vierbeinigen Pferdestärken vollständig ablösen, musste man sich eine andere Art der Lenkung einfallen lassen.

CATERPILLAR
TEN
CATERPILLAR

2

ZUSAMMEN STEHEN WIR, GETRENNT FALLEN WIR

HOLT UND BEST TRENNEN UND VEREINEN SICH

Die erneute Rivalität zwischen Holt und Best sollte die Entwicklung der Raupenschlepper weiter voran treiben. Eine der wichtigsten Neuerungen war die Abschaffung des vorderen Hilfsrads bei einigen der neuen Maschinen. Diese Schlepper, die von den Landwirten „Muley" (hornloses Rind) genannt wurden, waren eine ganz neue Klasse von Treckern in den Obstplantagen und Weinbergen. Obwohl die ersten Holt Baby 30 und Midget 18 sowie der Best „Humpback" 30 für diese Zwecke entwickelt worden waren, ließ ihre Manövrierfähigkeit doch einiges zu wünschen.

Ende 1913 konnte bei Holt der erste Prototyp eines Schleppers ohne Hilfsrad, der Holt 20-30 (Modell T-5), die Testfahrten aufnehmen. Der 20-30 wurde von einem Holt-M-4-Vierzylinder mit 30 PS angetrieben. Doch die Maschine litt unter einem Entwicklungsdefizit, so dass nur elf Exemplare verkauft werden konnten. Doch der Anfang war gemacht.

Aus dem Holt 20-30 wurde bald der Holt 45 (T-10), der 1914 auf den Markt kam. Der 45 war ein ganz anderes Modell als der frühere Holt 45, der noch ein Hilfsrad vorne aufwies. Der Schlepper besaß einen Holt-M-9-Vierzylinder, dessen Nennleistung 45 PS betrug. Der Clou beim 45 war ein relativ einfacher direkter Antrieb der beiden Ketten, die sich unabhängig von einander antreiben ließen. Damit konnte der Schlepper praktisch auf der Stelle wenden. So konnte man mit dem 45 auch auf kleinem Raum arbeiten, was bisher bei gleich starken Geräten undenkbar gewesen war.

Caterpillar brachte 1929 das Model Ten (PT) auf den Markt, das den bisher gebauten Zweitonner ablöste. Neben dem Standardmodell gab es auch Varianten für Obstbauern und Versionen mit zusätzlicher Bodenfreiheit. Auch die Spurbreite ließ sich variieren. Dieser Caterpillar Ten (PT4) mit seinen gegen Aufpreis lieferbaren Raupenblechen gehört zur Sammlung Keith Clark. Foto: ECO

Der Holt 20-30 (Model T-5) war der erste Raupenschlepper ohne Hilfsrad. Das 1913 vorgestellte Modell wurde von einem Vierzylindermotor von Doman angetrieben. Gerade elf Exemplare wurden an Kunden ausgeliefert, bis das Modell 1914 als Holt 45 (Model T-10) erneuert wurde. Foto: ECO Collection

Der Holt 45 erwies sich auf den Feldern als echtes Arbeitstier, doch das war nur ein Teil des Erfolges. Seinen wahren Wert zeigte er nicht in der Feldern Amerikas, sondern auf den Schlachtfeldern Europas. Dort verlangte man nach Geräten, die auch bei schlechtesten Bedingungen die Versorgung der Soldaten sicher stellen konnten. Wenn man dies nicht schaffte und gleichzeitig die Artillerie nicht beweglich halten konnte, hatte man keine Chance, den Krieg zu gewinnen.

Im November 1915 testete die Army den Holt 45 ausführlichst in Fort Sill und fand heraus, dass sich der Schlepper für den militärischen Einsatz eignete. Auf der

Der Holt 45 (Model T-10) kam 1914 auf den Markt und wurde in Stockton und Peoria gebaut. Er war ein echtes Arbeitstier, was von Militärs wie auch Landwirten geschätzt wurde. Der abgebildete 45 aus dem Jahr 1919 ist Teil der Sammlung von Bill Santos (Kalifornien). Foto: ECO

anderen Seite des Ozeans meinte die französische Armee, dass der Holt 45 der ideale mittelgroße Artillerieschlepper war und befand sich damit im Einklang mit der US-Army. Um den 45 den neuen Aufgaben anzupassen, baute Holt 1917 das Modell 45 E-HVS (T-12). Es unterschied sich von der zivilen Version in erster Linie durch die Panzerung. Außerdem war auch der Rahmen aus geschmiedetem Stahl gefertigt. Der Motor blieb unverändert. Bis 1920 entstanden insgesamt 1891 Holt-45, von denen 42 gepanzert in den Dienst an die Front geschickt wurden. Die Militärversion wurde bis 1918 gebaut.

Neben dem 45 wurde bereits sein späterer Nachfolger, der schnellere und stärkere Holt-10-Ton (T-16) gebaut. Der Zehntonner wurde als Model 55 Artillery Tractor eingeführt. Er kam auf 40 PS. Das Model 55 hatte eine vollständige Panzerung und sah seinem Vorgänger 45 E-HVS sehr ähnlich, verfügte aber über den größeren Motor. Produziert wurde der 55 zwischen 1917 und 1919.

Während die militärischen Versionen des Zehntonners entstanden, baute Holt auch eine zivile Variante des Schleppers. Der erste Prototyp wurde 1918 hergestellt, doch erst ein Jahr später konnte die Serienproduktion beginnen. Das intern T-16 genannte Modell hatte den gleichen Motor wie der „Militär“. Die Standardvariante besaß ein eher einfaches Design, was sich erst Ende 1924 änderte, als der Name Holt an den Seiten des Kühlers auftauchte und so das Erscheinungsbild deutlich verbesserte.

Um gegen die Best-Schlepper im Westen der USA antreten zu können, baute Holt 1921 eine spezielle Zehn-Tonner-Variante (TS-21), die sich in einigen Aspekten von den anderen Zehn-Tonnern unterschied. Als Antrieb diente ein überarbeiteter Holt-M-221-Vierzylinder, der wie der Schlepper in der Fabrik in Stockton gebaut wurde. Die anderen Zehn-Tonner wurden alle in Peoria hergestellt. Der sogenannte „Western“ hatte ein modifiziertes, kürzeres Fahrgestell. Die Ketten waren breiter, um so die Verdichtung des Bodens zu reduzieren. Der Kühler und auch die anderen Blechteile hatten ein kompakteres Design. Holt wollte mit dem Western einen Schlepper bauen, der weniger als der gängige Zehn-Tonner wiegen sollte, aber zugleich ausreichend Leistung für die wirklich harten Jobs hatte. Doch schließlich wurden bis zum Ende der Produktionszeit 1923 nur 152 Western-Schlepper hergestellt.

Der kleinere Bruder des Zehn-Tonners war der Holt 5-Ton (T-11), der 1917 als 5-Ton Artillery Tractor Model eingeführt wurde. Diese frühen Schlepper wurden bis auf drei von den Lizenznehmern Maxwell Motor Car Company in Detroit, Michigan, und von der Reo Motor Car Company in Lansing, Michigan, hergestellt. Der Holt-M-12-Vierzylinder leistete 25 PS. Maxwell und Reo produzierten das Modell bis 1918. Maxwell baute 2193, Reo 1477 Einheiten.

1919 begann Holt mit der Produktion von zivilen Fünftonnern. Nach der Unterzeichnung des Waffenstillstands brachte die Army Fünftonner zu Holt zurück, die dann in zivile Varianten umgebaut wurden, die neue Seriennummern bekamen. Auf diese Weise entstanden 1919 mindestens 151 Schlepper, denen 1921 noch einmal 150 Einheiten folgten. Ohne diese neu nummerierten Modelle entstanden bei Holt 2425 Fünftonner.

Von 1921 an baute Holt die ersten neun Prototypen des T-29, einem Fünftonner, der die T-11-Serie ablösen sollte. Mitte 1923 ging das Modell dann in den Verkauf. Zwar war der Motor samt Leistungsdaten unverändert geblieben, dafür hatte sich das Aussehen aber entscheidend verändert. Der Tank war nun in die Frontpartie integriert und das Fahrgestell genietet. Die frühen T-29 – insgesamt 212 – mit den genieteten Rahmen wurden zwischen 1923 und 1924 in der Fabrik in Stockton gebaut. Ende 1924 kam eine überarbeitete Version mit

Obwohl beide Modelle für eine kurze Zeit parallel gebaut wurden, war der Holt 10-Ton (Model T-16) der Nachfolger des Holt 45. 1918 vorgestellt, wurde die Maschine in Peoria gebaut und 1925 als Caterpillar-Modell aus dem Programm genommen. Das abgebildete Exemplar aus dem Jahr 1922 gehört der Joseph A. Heidrick Sr. Foundation. Foto: ECO

Zu den zwischen 1920 und 1921 in Peoria gebauten Holt-Modellen gehörten der 120 (T-9), der Zehntonner (T-16) und der Fünftonner (T-11). Foto: Caterpillar

Der C. L. B. 16 Pony, auch 8-16 hp genannt, war der kleinste der frühen Best-Schlepper. 1916 vorgestellt, endete seine Bauzeit bereits ein Jahr später, weil der Stahl in der militärischen Produktion benötigt wurde. Foto: Caterpillar

einem geschmiedeten Stahlrahmen als neuer Caterpillar-Schlepper Model T-29 auf den Markt. Der Markenname prangte nun an der Seite des Kühlers.

Der kleinste Schlepper in der Holt-Modellpalette der frühen zwanziger Jahre war der Zweitonner T-35. Die 1921 vorgestellte Maschine hatte den Holt-M-35-Vierzylinder, der 15 PS leistete. Bei dem Zweitonner waren Fahrwerk und Kettenrahmen vernietet, was 1924 durch eine neue Stahl-Konstruktion abgelöst wurde, die wesentlich stärker war. Im Verlauf des Jahres wanderte der Markenname an die Seiten des Kühlers. Der T-35 sah dem Fünftonner sehr ähnlich, war nur eben etwas kleiner. Von der ersten Variante wurden bis 1924 um die 1350 Einheiten gebaut. Die überarbeitete Version wurde bald Teil des Caterpillar-Modellprogramms.

1918 kam der Best 25 auf den Markt, von dem sich das Unternehmen viel erwartete. Als das Modell 1920 aus dem Programm genommen wurde, waren 300 Einheiten gebaut worden. Auch diese Maschine, die sich im Besitz von Bill Santos befindet. Foto: ECO

Kurz nachdem Holt seinen ersten „Muley-Tractor" vorgestellt hatte, konterte Best mit seiner Variante. Einer der ersten Schlepper ohne vorderes Hilfsrad war der C. L. Best 40 Raupenschlepper, der 1914 auf den Markt kam. Obwohl er fünf PS weniger leistete als der Holt, glich er dieses Defizit mit einem geringeren Gewicht aus. Um 1918 folgte der C. L. Best 45, der wie der 40 aussah, aber fünf PS mehr leistete. Allerdings wurde nur ein Exemplar gebaut. Der Best 40 brachte es immerhin bis 1919 auf 747 Exemplare.

Die mittelgroßen Muley-Schlepper wurden vom Markt gut aufgenommen, was sich von den kleineren Modellen ohne vorderes Hilfsrad nicht gerade sagen lässt. 1916 kam der kleine C. L. Best 16 Pony auf den Markt, der von einem Vierzylinder mit einer Leistung von acht PS auf Trab gebracht wurde. Der vor allem für Obstbauern gedachte Pony ging jedoch wegen Stahlmangels (das Militär hatte den größeren Bedarf) nie in Produktion. Insgesamt entstanden drei Ponys – zwei 1916 und ein Exemplar 1917. Diesem Modell folgte 1917 der C. L. Best 30. Von diesem Modell, das von einem 30 PS leistenden Vierzylinder angetrieben wurde, entstanden 1917 nur 15 Einheiten.

Die Verkaufszahlen von Best waren relativ gering, verglichen mit den Mengen, die Holt beim Militär absetzen konnte. Doch 1919 gelang Best mit dem Raupenschlepper Best 60 einer der besten Schlepper, die jemals einen Pflug zogen.

Der Best 60 war ein echter Wendepunkt in der Schlepper-Entwicklung. Zu seinen herausragenden Details gehörten die schwingenden Kettenrahmen, der Einsatz von 36 Lagern, die Reibung und Verbrauch bei mechanischen Teilen verringern sollten, und ein Lenkungssystem, das mehrfach gelagerte Reibungskupplungen nutzte. Als Motor kam ein großvolumiger Vierzylinder mit 60 PS zum Einsatz. Der Best 60 erwies sich auf dem Feld als zuverlässiger Schlepper und war in seiner Bauzeit schlicht der Beste, den man kaufen konnte. Innerhalb kurzer Zeit sollte er das Rückgrat der neuen Caterpillar Company werden – allerdings als Caterpillar Sixty.

Der Best 60 ersetzte in der Modellpalette des Unternehmens den 40. 1921 schließlich wurde der Best 25 durch den 30 abgelöst, der auf der Plattform des 60 aufbaute, aber nur die Hälfte der Leistung hatte. Wie der 60 war auch der 30 ein harter Bursche, der bald sehr beliebt wurde.

Caterpillar Tractor Company

Obwohl sie sich noch nicht darüber im Klaren waren, spielte der Erste Weltkrieg in Europa eine entscheidende Rolle für die Zukunft der beiden Unternehmen Best und Holt. Zwischen 1915 und 1919 stand die Entwicklung bei Holt ganz im Zeichen des Militärs, das fast die ganze Produktion abnahm. Holt hatte keinen Grund zu klagen, baute man doch Schlepper in Rekordzahlen, konnte kaum den Bedarf decken und musste daher Subunternehmer unter Vertrag nehmen.

Auf der anderen Seite hatte die C. L. Best Tractor Co. die Zusicherung der amerikanischen Regierung, dass man mit dem Bau von Schleppern für die Landwirtschaft fortfahren konnte. Während Holt die Armee bediente, lieferte Best seine Traktoren an die Bauern. Dies brachte Best, wie die Beispiele Best 60 und 30 zeigten, einen Vorteil bei der zivilen Produktion ein. Doch als der Krieg vorüber war, stellte sich bald heraus, dass die beiden Unternehmen nicht in der Lage waren, alleine weiter zu machen.

Der Best 60 Tracklayer No. 101A war in seiner Zeit (um 1919) ein wegen seiner Leistung und Zuverlässigkeit beliebter Schlepper. Foto: ECO Collection

Dieser Best 60 aus der Joseph A. Heidrick Sr. Foundation entstand 1919. Diese Maschinen verfügten über eine Leistung von 60 PS. Foto: ECO

Der beliebteste aller Best-Schlepper war der Best 30 aus dem Jahr 1921. Viele Teile aus dem größeren 60 waren beim kleineren Modell übernommen worden. Das abgebildete Modell stammt aus dem Jahr 1922 und gehört Doug Veerkamp (Kalifornien). Foto: ECO

Nachdem der Waffenstillstand im November 1918 unterzeichnet war, erreichten Holt jede Menge Stornierungen von bestellten Militärschleppern. Zu Beginn des Krieges hatten die Militärs bei Holt und seinen Subunternehmern 24.791 Schlepper bestellt. Darunter 2,5-, fünf-, zehn-, 15- und 20-Tonner. Bis zum Ende des Krieges waren davon lediglich 9771 Einheiten gebaut und ausgeliefert worden. Holt hatte nun ein Problem. Denn schließlich war die Fabrik für die große Militärproduktion ausgerichtet worden.

Das Kriegsende war für Holt gleich mehrfach schmerzhaft. Ohne Krieg hatte die Regierung keinen Bedarf an neuen Schleppern. Auch die neuen, noch nicht eingesetzten Maschinen mussten irgendwo Verwendung finden. Viele dieser Exemplare gingen von der Armee an das Verkehrsministerium, das sie im ganzen Land einsetzte. Doch was die Regierung so nicht los wurde, ging in den Verkauf, wo mitunter brandneue Maschinen für Pennys einen neuen Besitzer fanden. Die Farmer hatten daher verständlicherweise keine Lust, neue Maschinen zu bestellen, wenn sie fast neuwertige Modelle von der Regierung kaufen konnten. Und je mehr die Landwirte sparten, desto mehr litt Holt.

Obwohl Best nicht das Problem kannte, eine Militärproduktion auf zivile Bedürfnisse umzustellen, litt man auch dort unter der Flut gebrauchter Traktoren, die plötzlich den Markt überschwemmten. In den zwanziger Jahren waren die Best-Schlepper zwar besser für den Einsatz auf den Feldern geeignet als die ehemaligen Militärtraktoren von Holt, die etwas schwer waren, doch war man nicht groß genug, um einen derartigen Rückgang in den Verkäufen lange zu überleben. Nach vielen erfolgreichen Jahren standen jetzt auf einmal beide Unternehmen vor dem möglichen Kollaps. Da war es an der Zeit, eine alte Beziehung wieder zu beleben.

Am 15. April 1925 wurde in einem fünfseitigen Dokument der Rechtsberater Chickering & Gregory aus San Francisco die offizielle Gründung des Unternehmens Caterpillar Tractor Company offiziell formuliert. Die notarielle Urkunde trägt die Nummer 113767. Der Geschäftszweck der neuen Firma: „Die Herstellung, Verkauf, Ankauf, Import und Export von Schleppern, Erntemaschinen, Landwirtschaftsmaschinen sowie Fahrzeuge aller Art und Charakter." In den folgenden Monaten, nachdem die Gesellschafter der beiden Unternehmen dem neuen Zusammenschluss zugestimmt hatten, ordnete der Oberste Gerichtshof Kaliforniens die Auflösung der alten Unternehmungen an. Die Namen Holt Manufacturing Company und C. L. Best Tractor Company waren

Der Holt 5-Ton (Model T-29) zeichnete sich durch sein besonderes Fahrwerk aus. Das 1923 vorgestellte Modell entstand ausschließlich in der Fabrik in Stockton. Die Bauzeit endete 1924. Foto: ECO

nun Geschichte. An ihre Stelle war ein einzelnes und starkes Unternehmen getreten: The Caterpillar Tractor Company.

Als Erstes begann die neue Firma, die bestehenden Dopplungen in Vertrieb und Modellpalette zu beseitigen. Gleichzeitig wurde die Zahl der Beschäftigten reduziert und das Händlernetz ausgedünnt. In den meisten Städten gab es jeweils einen Holt- und Best-Händler, von denen nur einer überleben würde.

Zunächst bestand die Modellpalette aus den Best-Schleppern und den drei Holt-Modellen. Aus den Best 60 und 30 wurden die Caterpillar Sixty und Thirty. Die Holt-Schlepper hießen wie bisher Caterpillar 2-Ton, 5-Ton und 10-Ton. Die für das neue Unternehmen gewählten Farben waren grau mit einem roten Rand. Auch die alten Best-Farben Schwarz, Gold und Rot waren nun Geschichte.

Bald nahm die Firma die Produktionskosten unter die Lupe. Dieser Überprüfung fiel zuerst der Cat 10-Tonner zum Opfer, der zwar bei der Kundschaft beliebt war, aber gegen den Sixty keine Chance hatte. Nachdem beide Modelle für den selben Kundenkreis gedacht waren, wurde der Zehntonner gestrichen. Außerdem verursachte der Schlepper wegen seines komplizierten Fahrgestells und der großen Zahl von Einzelteilen hohe Produktionskosten. Während der acht Monate seiner Bauzeit als Caterpillar-Modell wurden 1925 insgesamt 454 Exemplare hergestellt. Vom Holt/Cat-Zehntonner gingen 6938 an die Kunden, von denen 2803 als Artillerieschlepper gebaut wurden. Darunter befanden sich auch 700 Einheiten, die von der Chandler Motor Company in Cleveland gebaut worden waren. Die Produktionszahl umfasst nicht die 50 Exemplare (Seriennummer 68192 bis 68241), die von der Army 1921 zurückgegeben wurden und später mit neuen Seriennummern in den Handel kamen.

1926 wurde die Modellpalette noch einmal schlanker, als der Fünftonner gestrichen wurde. Obwohl sich der Schlepper noch einigermaßen gut verkaufte, konnte er wegen seines veralteten mechanischen Designs nicht mit dem Sixty und Thirty mithalten. Die Aufgabe des 5-Tons brachte nun dringend benötigte Produktionskapazitäten für den Thirty, der nun auch in Peoria hergestellt wurde. Von Mitte April 1925 bis 1926 entstanden 1147 5-Tons mit dem Caterpillar-Markenzeichen. In Peoria wurden rund 1500 Exemplare des Fünftonners hergestellt.

Der größte Schlepper war der ehemalige Best 60, der nun Sixty genannt wurde. Nach dem Zusammenschluss und einer neuen Farbgebung brachte es der Schlepper auf beeindruckende Verkaufszahlen. Bis 1930 entstand der Sixty in San Leandro. 1925 war die Produktion in Peoria aufgenommen worden und endete offiziell erst 1931, obwohl ein Exemplar noch 1932 hergestellt wurde. Die in den verschiedenen Fabriken produzierten Schlepper hatten eigene Seriennummern. Die Sixties aus San Leandro begannen 1919 mit der Nummer 101A, während die Exemplare aus Peoria von 1925 an mit PA1 begannen. Bis zum Ende seiner Bauzeit wurden 18.932 Best 60/Cat Sixty an Kunden ausgeliefert.

Auch der Caterpillar Thirty wurde in beiden Fabriken gebaut. Die von 1921 bis 1930 in San Leandro fer-

Wurde der Holt 5-Ton noch in Stockton gebaut, so kam sein Nachfolger, der Holt New 5-Ton „Caterpillar", Ende 1924 aus der Fabrik in Peoria. Wenig später wurde die Typenbezeichnung in Caterpillar 5-Ton geändert. Dieses Exemplar (S.N. 44487) gehört heute zur Sammlung von Keith Clark. Foto: ECO

Als Konkurrent für den Best 60 in den westlichen Staaten der USA baute Holt von 1921 an den Western 10-Ton (Model TS-21), der ausschließlich in Stockton hergestellt wurde. 1923 wurde die Produktion eingestellt. Foto: ECO Collection

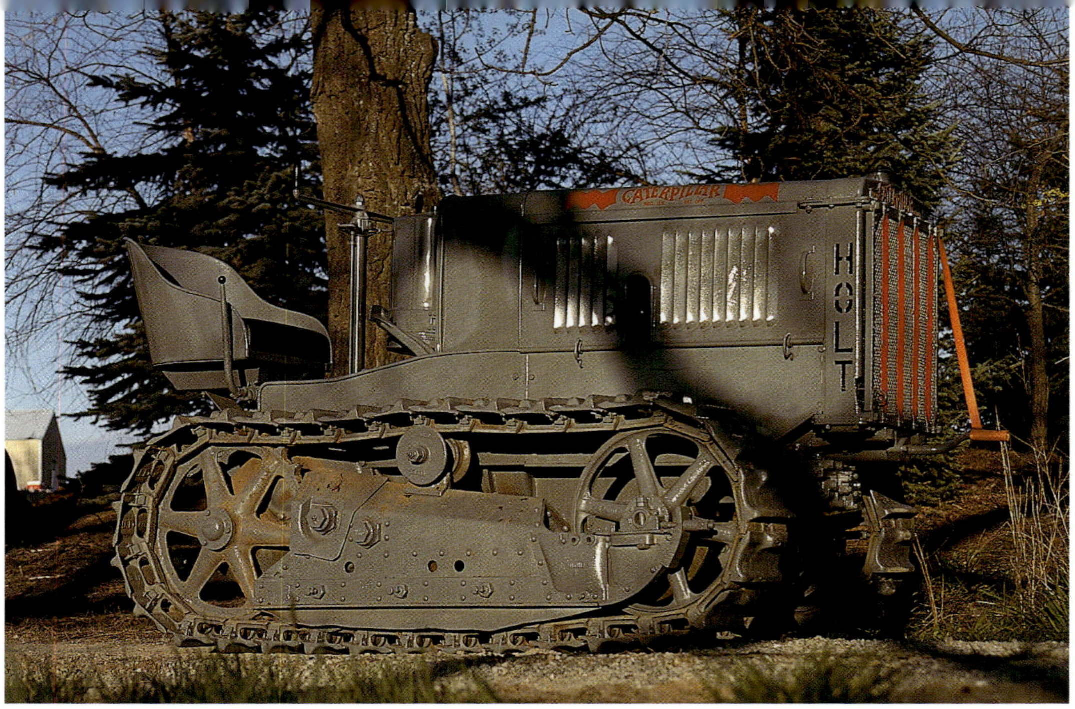

Der 2-Ton war der kleinste von Holt gebaute „Muley"-Schlepper. Dieses hervorragend erhaltene Exemplar entstand 1923 in Stockton (S.N. S26267) und steht heute in der Sammlung von Keith Clark. Foto: ECO

Aus dem Holt 2-Ton (T-35) wurde 1925 der Caterpillar 2-Ton. Außer der Typenbezeichnung am Kühlergehäuse wurde nichts verändert. Wie die Holt-Versionen entstanden auch die Caterpillar-Varianten in Peoria. Abgebildet ist ein Exemplar aus dem Jahr 1928, das sich im Besitz von Ron Miller (Michigan) befindet. Foto: ECO

tig gestellten Exemplare hatten Nummern, die mit S1001 begannen, während die Exemplare aus Peoria mit der Seriennummer PS1 versehen waren. Alle Thirty hatten eine graue Lackierung mit einem roten Rand mit Ausnahme der nach dem 7. Dezember 1931 gebauten Modelle. Sie waren in dem typischen Caterpillar-Gelb lackiert. Insgesamt wurden in beiden Fabriken 23.739 Schlepper gebaut, der damit der populärste Vertreter seiner Gattung war.

Der kleine Caterpillar 2-Ton war der kleinste Schlepper in der Modellpalette und zugleich auch das am längsten gebaute Holt-Modell. Der Zweitonner blieb während seiner Bauzeit praktisch unverändert. Nach dem Zusammenschluss wurde lediglich das Kühler gehäuse modifiziert. An der Seite prangte nun die Typenbezeichnung 2 TON. Der Schlepper war vor allem bei Obstbauern und Winzern beliebt, was seine relativ große Produktionszahl erklärt. Immerhin entstanden zwischen 1924 und 1928 8989 Einheiten.

Der 2 Ton wurde im Dezember 1928 vom Caterpillar-Ten (PT) abgelöst. In den letzten Tagen dieses Jahres wurden jedoch nur vier Exemplare gebaut. Der Cat Ten hatte einen Vierzylinder-Motor, der 15 PS leistete und damit in der Größe und Leistung unterhalb des 2 Ton lag. Der Ten wog knapp zwei Tonnen. Der 2 Ton lag darüber. Doch der Ten war ein ganz neues Design und lag auf einer Linie mit dem Twenty, der mehr als ein Jahr zuvor vorgestellt worden war. Es gab auch ein Modell mit größerer Bodenfreiheit. Der Ten kam bei der Kundschaft gut an, wobei vor allem Obstbauern das Modell wegen seiner Wendigkeit schätzten. Die größten Klagen kamen wegen einer Neigung zur Dampfblasenbildung, die immer wieder für Ausfälle sorgte. Dies lag daran, dass die Techniker den Tank über dem Motor montiert hatten, was an heißen Tagen dazu führte, dass sich der Treibstoff erhitzte und Blasen entstanden, die den Benzinfluss blockierten. Die Techniker des Hauses benötigten eine ganze Weile, um dies zu begreifen und den Tank auf einen anderen Platz zu verlegen. Doch trotz dieser Probleme entschlossen sich immerhin 4929 Kunden bis 1932 für den Ten.

In der Caterpillar-Modellpalette am Ende der zwanziger und Anfang der dreißiger Jahre gab es drei Modelllinien, die als Model Fifteen in die Geschichte eingingen. Der erste dieser Caterpillar Fifteen (PV) wurde 1929 vorgestellt. Er hatte einen Vierzylinder-Motor mit 22,77 PS. Bis 1932 entstanden davon 7559 Exemplare.

Im Jahre 1932 kamen zwei weitere Schlepper aus der Fifteen-Reihe auf den Markt. Es handelte sich dabei um den kleinen Fifteen (7C) und den Fifteen-High Clearance (1D) mit besonders viel Bodenfreiheit. Die beiden neuen Modelle waren kein Ersatz für die PV-Fifteen-Serie, vielmehr lösten die beiden den Ten ab. Die Schlepper wurden von einem Vierzylinder angetrieben, der auf gerade 18,03 PS kam. Daneben waren die Verbesserungen gegenüber dem Ten beachtlich. So wurde endlich der Tank an eine neue Position vor dem Chauffeur platziert, was die Dampfblasenbildung beendete. Doch in der Zwischenzeit hatten sich die Kunden zum Kauf von leistungsstärkeren Modellen entschlossen, so dass Caterpillar die Baureihe bereits 1933 wieder einstellte. Insgesamt wurden 307 Exemplare des kleinen Fifteen und 95 Einheiten des High Clearance gebaut.

Die Baureihe Twenty (L) wurde der werten Kundschaft Ende 1927 präsentiert. Zum ersten Mal baute ein Schlepper weder auf ein Vorbild aus dem Hause Holt noch auf eines von Best auf. Die ersten Schlepper entstanden in San Leandro, doch 1928 richtete man eine zweite Produktion in Peoria für das Model Twenty (PL) ein. Die beiden Modelle unterschieden sich nur durch den Bauort. Sie wurden von einem Vierzylinder angetrieben, der 28,03 PS leistete. Das Design nahm die Silhouette der kommenden Caterpillar-Schlepper vorweg. In San Leandro endete die Produktion 1929, während

Der Best 30 mutierte nach der Fusion 1925 zum Caterpillar Thirty, und wurde danach in Peoria (Seriennummer beginnen mit „PS“) und San Leandro (Seriennummern beginnen mit „S“) gebaut. Dies ist ein 1929 in Peoria gebautes Modell (PS6362), das zur Sammlung von Keith Clark gehört. Foto: ECO

in Peoria erst 1931 das Band abgestellt wurde, nachdem 6331 Modelle hergestellt worden waren. In San Leandro verzeichnete man 1970 Einheiten.

Im Jahr 1932 kam der „kleine Caterpillar“ Twenty (8C) auf den Markt. Der Schlepper hatte nichts mit dem alten Twenty gemeinsam. Er stellte statt dessen einen Ersatz für den Fifteen dar, wobei allerdings die Konstruktionsdefizite ausgeglichen wurden. Der Schlepper wurde von dem bereits aus dem Fifteen bekannten Vierzylinder angetrieben, der allerdings im Interesse einer größeren Zuverlässigkeit überarbeitet worden war und nun 23,69 PS leistete. Doch nachdem der Markt nur nach 652 Exemplaren fragte, wurde die Baureihe Anfang 1934 wieder eingestellt.

Nach zahlreichen Versuchen, einen kleinen Schlepper zu vermarkten, hatte Caterpillar Anfang 1934 mit dem Modell Twenty-Two endlich Erfolg. Der Twenty-Two

Wie bei den anderen Modellen änderte sich auch beim beliebten Modell Best 60 der Name. Als Caterpillar Sixty wurde der Schlepper in San Leandro (Seriennummern enden mit einem „A“) und Peoria (Seriennummern beginnen mit PA) gebaut. Der abgebildete Caterpillar Sixty (3324A) entstand 1926 in San Leandro. Heute steht er in der Sammlung von Keith Clark. Foto: ECO

Der Caterpillar Sixty gehört zu den beliebtesten Maschinen seiner Zeit, von denen viele bis heute überlebten. Dieses hervorragend restaurierte Exemplar aus dem Jahr 1926 gehört Dave Smith (Oregon). Foto: ECO

(2F) war der Nachfolger des Twenty (8C) und wurde von einem Vierzylinder mit 25,77 PS angetrieben. Den Twenty Two gab es auch mit besonders großer Bodenfreiheit. Dieser Schlepper war ein absoluter Volltreffer, der von der Kundschaft geliebt wurde. Von der ursprünglichen Serie 2F wurden 9999 Exemplare zwischen 1934 und 1937 gebaut. Dem folgten bis 1939 noch einmal weitere 5157 Einheiten der 2F-Varianten. Die meisten Verbesserungen bezogen sich in erster Linie auf die Produktionstechniken.

Der Caterpillar Twenty-Five (3C) wurde im Dezember 1931 auf den Markt gebracht und löste den Twenty (PL) ab. Der Twenty-Five der 3C-Serie war weitgehend mit dem Twenty identisch, hatte nun aber mit 28,63 PS ein wenig mehr Leistung, was aber wahrscheinlich vor allem an den Messmethoden lag. Zusammen mit dem Produktionsauftakt wechselte das Unternehmen von der grauen Lackierung zur knallgelben Farbgebung. Offensichtlich befanden sich zu jenem Zeitpunkt noch einige unverkaufte Twenty-Modelle auf dem Lager, die nun, so erzählen Pensionäre des Unternehmens, neue Seriennummern und Kühlergehäuse bekamen, um als Twenty-Five weiter zu leben. Auch die graue Lackierung wurde gegen das Gelb eingetauscht. Lediglich der Name Caterpillar an der Kühlerfront blieb erhalten. Diese Erinnerung wird auch durch die Produktionsaufzeichnungen unterstützt. Denn zwischen Dezember 1931 bis 1933 wurden lediglich 638 Schlepper verkauft. Und davon sollen zwischen 251 und 268 Einheiten in den letzten Dezemberwochen einschließlich der weihnachtlichen Werksferien gebaut worden sein. Das ist, gemessen an den Produktionszahlen des Twenty-Five, einfach zu viel. Bei den meisten dieser Modelle handelt es sich also wahrscheinlich um umgebaute Twenty-Modelle.

Aus dem Caterpillar Twenty Five wurde 1933 der Twenty-Eight (4F). Der Twenty-Eight wurde von einem etwas größeren Vierylinder angetrieben, der nun auf

1929 stellte Caterpillar den neuen (PV) vor. Der „small" Fifteen (7C) folgte 1932 als Nachfolger für den Ten (PT). Das Bild zeigt links einen Fifteen aus dem Jahr 1929 (PV2491 WG) und einen 1933 entstandenen „small" Fifteen aus dem Jahre 1933, die beide zur Sammlung von Keith Clark gehören. Foto: ECO

Zusammen mit dem Standardmodell kam der „small" Fifteen mit hoher Bodenfreiheit auf den Markt, der in erster Linie für Obstbauern und Baumschulen gedacht war. Bis 1933 entstanden gerade 95 Exemplare. Dieses äußerst seltene Exemplar entstand 1932 (Seriennummer 1D11) und gehört zur Keith Clark Collection. Foto: ECO

Caterpillar Twenty (L und PL) sowie der „small" Twenty (8C) teilten zwar die Typenbezeichnung, waren aber zwei vollkommen unterschiedliche Maschinen. Eingeführt wurde die Twenty-L-Serie (San Leandro) im Jahre 1927. Ein Jahr später folgte die PL-Serie in Peoria. Der „small" Twenty (8C) ersetzte 1932 den alten Fifteen (PV). Das Foto zeigt auf der linken Seite einen Twenty aus dem Jahr 1929 (PL2217 WG) neben einem 1933 gebauten „small" Twenty (8C617), der für den Einsatz in Obstplantagen gedacht war. Foto: ECO

1934 wurde der „small" Fifteen (8C) vom Caterpillar Twenty-Two (2F) abgelöst. Die Maschine kam sehr gut bei den Kunden an und konnte auch mit hoher Bodenfreiheit geordert werden. Der abgebildete Schlepper entstand 1937 (1J507) und gehört heute Marv Ferry (Kalifornien). Foto: ECO

30,49 PS kam. Der Schlepper ähnelte stark den letzten Twenty-Five-Modellen. Doch lediglich 1171 Exemplare wurden bis 1935 gebaut. Eine Schande, denn der Twenty-Eight war ein gut gebauter Schlepper. Doch die Kundschaft orientierte sich zusehends verstärkt in Richtung Diesel-Motor. Mit dem Ende des Twenty-Eight war auch die Entwicklung der Baureihen Twenty und Twenty-Five abgeschlossen.

Im Jahre 1935 brachte Caterpillar das Modell Thirty (6G) auf den Markt. Seit 1932 war die Typenbezeichnung Thirty nicht mehr in der Modellpalette vorhanden. Doch der Typ (6G) war eine vollkommen neue Entwicklung mit Details, die auch bei späteren Diesel- und Benzinmodellen wieder auftauchen sollten. Die Bau-

Der Caterpillar Twenty-Five (3C) kam im Dezember 1931 als Nachfolger des Twenty (PL) auf den Markt, mit dem er allerdings viele Teile gemeinsam hatte. Dieses Exemplar ist Teil der Sammlung von Keith Clark. Foto: ECO

1933 löste der Caterpillar Twenty-Eight (4F) das Modell Twenty-Five ab. Allerdings wurde der Schlepper nur zwei Jahre lang gebaut. 1935 verließ der Letzte die Fabrik. Keith Clark ist der Besitzer dieser prächtigen Maschine. Foto: ECO

reihe 6G wurde von einem Vierzylinder angetrieben, der 35 PS leistete. Der Thirty kam jedoch auf einen Markt, der sich mehr und mehr in Richtung Diesel bewegte. Bis 1934 blieb die 6G-Serie im Programm. Danach wurde sie als R-4 weiter gebaut. Mehr darüber in einem der nächsten Kapitel.

In den zwanziger und dreißiger Jahren brachte Caterpillar eine große Anzahl von Schleppern auf den Markt, die sich nur geringfügig in ihren Leistungsdaten unterschieden. Viele dieser Maschinen mussten gegen Modelle des Konkurrenten Cletrac (Abkürzung für Cleveland Tractor Company) antreten. Cletracs erste Modelle bauten teilweise auf den C. L. Best 8-16 Pony auf. Im Laufe der Jahre sicherte sich das Unternehmen einen guten Ruf für zuverlässige und solide Schlepper. Doch was Caterpillar wirklich unter Druck setzte, waren die Cletrac-Preise, die wesentlich unter denen von Caterpillar lagen. Für nicht wenige Kunden war dies alleine entscheidend. Doch Caterpillar verabschiedete sich bald vom traditionellen Denken, dass Trecker ausschließlich von einem Benzinmotor angetrieben wurden. Das Unternehmen brachte eine vollkommen neue Generation von Schleppern, die ihren Kunden eine kaum vorstellbar niedrige Benzinrechnung ermöglichte. Die Epoche des Dieselschleppers stand kurz bevor.

Der 1935 vorgestellte Caterpillar Thirty (6G) stellte eine vollständige Neuentwicklung dar und hatte nichts mit dem 1932 eingestellten Thirty gemeinsam. 1938 wurde das Modell in Caterpillar R-4 umbenannt. Dieser Schlepper gehört der Joseph A. Heidrick Sr. Foundation. Foto: ECO

DIESEL
Caterpillar

3

DER DIESEL KOMMT

EINE NEUE GATTUNG VON CATERPILLAR

Mitte der zwanziger Jahre begannen die Catertpillar-Ingenieure mit Untersuchungen, welche Vorteile der Dieselmotor gegenüber den gängigen Benzinaggregaten haben könnte. Der Diesel war beileibe nicht neu. Der Motor war bereits vor einigen Jahrzehnten von Rudolf Diesel erfunden worden. 1893 hatte er seine Theorie veröffentlicht, was ihm ein Patent einbrachte, und zwei Jahre später lief der erste Prototyp. Im Oktober 1897 schloss Diesel einen Vertrag mit dem Bierbrauer Adolphus Busch aus St. Louis, Missouri, der Busch das Recht gab, gegen eine Lizenzgebühr von einer Million Dollar Motoren nach dem Dieselprinzip zu bauen. Für die damalige Zeit war dies eine gigantische Summe, die den reichen Busch aber nicht weiter beeindruckte. 1898 begann Busch mit der Produktion der ersten Dieselmotoren in den USA.

Doch der Diesel kam nicht über Nacht auf die Straße. Zunächst wurden die Aggregate vor allem in Schiffen und für den stationären Bereich genutzt. Obwohl Best und Holt sich bereits Gedanken über den Diesel als Schlepperantrieb gemacht hatten, nahm die Idee erst nach dem Zusammenschluss der beiden Unternehmen Fahrt auf. Die Forschungen in Sachen Selbstzünder wurden noch weiter beschleunigt, nachdem 1927 ein Benz-Schlepper mit Dieselmotor einen Caterpillar Sixty bei einem Wettpflügen auf einem sudanesischen Baumwollfeld geschlagen hatte. Caterpillar sicherte sich sofort einen Benz-Diesel, der in der Entwicklungsabteilung des Unternehmens auf Herz und Nieren untersucht wurde. Es handelte sich um einen guten Motor, doch bei Caterpillar meinte man, dass man einen eigenen Motor entwickeln sollte.

Im Jahre 1932 änderte sich die Typenbezeichnung des Caterpillar Diesel Sixty in Diesel Sixty-Five, was die tatsächlichen Leistungsverhältnisse exakter wiedergab. Das Modell gab es nur mit einer Spurweite. Dieser Diesel Sixty-Five (15C2) gehört Ted Halton und Dave Smith (Oregon). Foto: ECO

Der junge Caterpillar-Ingenieur Arthur Rosen hat wahrscheinlich den größten Anteil an der Entwicklung des ersten Cat-Diesels. In San Leandro baute sein Team einen Vierzylinder-Prototyp, der aufwändig getestet wurde. Die so gemachten Erfahrungen flossen dann in den Bau der ersten Serienmaschine ein. Zwei Testdiesel entstanden und wurden in einem verstärkten Sixty-Fahrwerk montiert. Auch das Getriebe wurde den neuen Bedingungen angepasst. Im September 1931 schließlich kamen die ersten Diesel-Sixty auf den Markt.

Der erste Serien-Diesel-Sixty mit der Seriennummer 1C2 aus der Fabrik in San Leandro wurde am 14. September 1931 an die W. C. Schulder Farm im kalifornischen Woodland ausgeliefert. Der erste gebaute Diesel-Sixty 1C1 wurde erst ausführlich getestet, bevor er am 7. November 1931 an die California Equities Co. Ltd. in Stockton ging. Nur diese beiden ersten Dieselmodelle wurden in San Leandro gebaut und trugen noch das traditionelle Grau. Vom 1C3 an wurden alle Diesel in East Peoria, Illinois, produziert und im neuen Gelb („Cat Hi-Way Yellow") lackiert. Am 7. Dezember teilte dies Caterpillar-Exportchef im Rundschreiben Nummer 53 mit. Doch Kunden, die sich nicht an die neue Farbgebung gewöhnen wollten, konnten ohne Aufpreis noch das traditionelle Grau bestellen. Der Schlepper 1C3, der erste Diesel aus Peoria, wurde am 7. November 1931 an die Oahu Sugar Company, Waipahu, Oahu, Hawaii, geliefert.

Die größten Vorteile des Diesels gegenüber den Benzinversionen bestanden in dem besseren Drehmomentverlauf und dem geringeren Verbrauch. Der Cat D9900-Vierzylinder war ein echtes Kraftpaket. Die maximale Leistung war über einen wesentlich breiteren Drehzahlbereich verfügbar als beim Benziner, und das Triebwerk war dabei wesentlich sparsamer. Dies wurde 1932 unter Beweis gestellt, indem der Diesel Sixty 1C12 einen neuen Weltrekord für ununterbrochenes Pflügen aufstellte.

Der Schlepper 1C12 war am 29. Februar 1932 an Mark V. Weatherfords Fairview Ranch in Arlington, Oregon, verkauft worden. Zwischen dem 4. März und dem 27. April 1932 pflügte der Schlepper 6880 Acres, wobei die Kosten gerade 7,78 Cents je Acre betrugen. Vier unabhängige Beobachter waren dabei anwesend. Drei der Beobachter waren Professoren am Oregon State College, dem Washington State College und der University of Idaho. Der Vierte war ein Farmer und Caterpillar-Besitzer, der beim Test assistierte. Fred Lewis, ein Caterpillar-Ingenieur aus der Serviceabteilung, beschrieb die Leistung des 1C12 am 10. März in einem Bericht: „Das Pflügen geschieht im großen Gang, mit Ausnahme an einigen steilen Stellen auf dem Feld, wo man in den zweiten Gang schalten muss. Der Motor schien die Aufgabe leicht zu nehmen und qualmte nur leicht an einer steilen Stelle."

Der Rekordschlepper wurde 1935 an Elwood und Harold Hartfield, ebenfalls aus Arlington, verkauft und

Das ist der erste Caterpillar Diesel Sixty-Schlepper (Seriennummer 1C1), der 1931 gebaut wurde. 1C1 und 1C2 waren die einzigen Dieselmodelle, die in San Leandro entstanden. Angeblich trugen nur die beiden ersten Einheiten den geschwungenen Caterpillar-Schriftzug auf dem Kühlergehäuse.

bekam nun den Spitznamen Tusko nach einem Elefanten im Zoo von Portland.

Bei Caterpillar dachte man nun nach der Rekordleistung, dass die Farmer dem Unternehmen die Tür einrennen würden. Doch das stellte sich nicht ein. Die große wirtschaftliche Depression ließ die Landwirte bluten, die kein Interesse daran hatten, ihr weniges Geld in den Kauf eines in ihren Augen noch unkalkulierbaren Dieselschleppers zu stecken. Und natürlich gab es auch Probleme mit dem Caterpillar-Diesel, die ihre Ursache aber zumeist in der unzuverlässigen Qualität des Treibstoffs hatten. Außerdem vermuteten viele Farmer, dass man einfach alles in den Tank schütten könnte. Caterpillar erkannte das Problem schnell und setzte sich an die Spitze der Forschung nach einem zuverlässigen Dieseltreibstoff.

Ebenfalls Probleme bereiteten die Schmiermittel für die neuen Aggregate. Caterpillar entwickelte daher zusammen mit einigen großen Ölkonzernen das Mehrbereichsöl Delo. Doch bald machte der Vertrieb dieses Öls Sorgen. Eine Lösung wurde erst gefunden, nachdem Caterpillar Einzylinder-Testmotoren an die Ölproduzenten verteilte, so dass man dort die notwendigen Schmiermittel weiter entwickeln, herstellen und als bestens geeignet für Caterpillar-Dieselmotoren vermarkten konnte.

Doch trotz dieser Probleme ist der Diesel-Sixty einer der wichtigsten Meilensteine in der Caterpillar-Geschichte. Der D9900 war praktisch unverkleidet vor dem Chauffeur montiert und konnte so bei seiner Arbeit besichtigt werden. Der Motor zeichnete sich durch sein kompaktes Design aus. An der linken Seite war ein kleiner Benzinmotor platziert, der den großen Diesel

Der berühmteste Diesel-Schlepper aus dem Hause Caterpillar ist dieser Diesel Sixty (1C12), auch als „Old Tusko“ bekannt. Der nach einem Elefanten des Zoos von Portland benannte Raupenschlepper stellte im März und April 1932 Rekorde für Dauerpflügen auf. „Old Tusko“ ist heute im Besitz von Allen F. Anderson (Oregon). Foto: ECO

„Tusko" – das „Old" kam erst später – 1956 im Einsatz auf einem Feld in Arlington, Oregon. Bedient wird die Maschine von Harold W. Hartfield, dem zweiten Besitzer des Schleppers und Onkel des aktuellen Besitzers. Foto: Anderson Collection

startete. Nachdem dies geschehen war, schaltete sich der Benziner wieder aus. Der Diesel-Sixty war freilich mehr als ein konventioneller Sixty mit Dieselaggregat. Neben dem verstärkten Rahmen bot er auch einen überarbeiteten Kühler, stärkere Federn, Raupen mit 34 Sektionen, die im Fahrwerk über Rückschlagfedern verfügten. Die Leistung wurde im September 1931 mit 63 PS angegeben, die bis Februar 1932 auf 68 PS anwuchs. Am Ende seiner Bauzeit Ende 1932 verfügte der Schlepper über 70,25 PS.

Aus allen Blickwinkeln machte der Diesel-Sixty-Five eine gute Figur. Sein Rahmen und Fahrwerk stammten in Grundzügen vom Benziner, wurden aber den größeren Kräften des Dieselaggregats angepasst. Foto: ECO

Die Bezeichnungen des 1C-Dieselschleppers haben im Laufe der Jahre immer wieder gewechselt. Am Anfang war es der Sixty-Diesel, zur Mitte seiner Bauzeit war er lediglich der Caterpillar-Diesel und am Ende war es der Diesel Sixty-Five. Allerdings lässt sich an den Seriennummern nicht ablesen, was sich wann und warum änderte. Insgesamt wurden 157 Schlepper gebaut. 1C1 bis 1C14 entstanden 1931, 1C15 bis 1C157 wurden 1932 gebaut. Die meisten der ersten Modelle im Jahr 1931 trugen den Typennamen Sixty an den Kühlerseiten, doch bei einigen stand dort „Diesel" zu lesen. Dies geschah hin und wieder Anfang 1932, bevor sich die Typenbezeichnung Diesel allgemein durchsetzte.

Die Caterpillar-Schlepper mit Benzinmotoren verschwanden nicht über Nacht. Das Unternehmen stellte weiterhin derartige Modelle vor, und bei einigen Baureihen existierten die Diesel- und Benzinversionen nebeneinander.

Zwischen 1932 und 1937 ging Caterpillar durch eine Phase des Wechsels. Die alten Benzinmotoren für die Schlepper wurden abgeschafft, je mehr die Dieselaggregate neue Kunden fanden. Zur gleichen Zeit wurden neue Blechverkleidungen für die Schlepper entworfen, die jahrelang ihre Mechanik offen zur Schau getragen hatten. Neue Designs zusammen mit der neuen und auffälligen Lackierung halfen der stagnierenden Industrie, die schwer unter der großen Depression gelitten hatte, wieder auf die Beine. Dennoch wurden viele Modelle in diesen Jahren in relativ kleinen Stückzahlen gebaut, weil es den Bauern und Bauunternehmern noch immer an Geld fehlte. Doch bald kamen beide Gruppen finanziell wieder zu Kräften und verlangten nun vor allem nach den Schleppern aus East Peoria, Illinois.

Im Jahre 1932 kam der Caterpillar Thirty-Five (5C) auf den Markt, der das Modell Thirty (PS) ablöste. Der Thirty-Five wurde von einem Cat-6000G-Vierzylinder angetrieben, der 37 PS leistete. Die Dieselvariante Diesel-Thirty-Five (6E) kam auf eine Leistung von 38,65 PS. Die Benzinvariante wurde zwischen 1932 und 1934 hergestellt, der Diesel zwischen 1933 und 1934. Beide Schlepper versteckten ihre Mechanik unter den neuen Hauben. Der alte Thirty hatte noch auf solches Makeup verzichtet. Lüftungsschlitze waren beim Benzinmodell Standard, während sie bei den Dieseln fehlten. Die Baureihe Thirty-Five machte einen guten Eindruck. Insgesamt wurden 1730 Benzin- und 1999 Dieselversionen verkauft.

Caterpillar löste beide Modelle 1934 durch den Forty (5G) als Benziner mit dem Cat 6500G-Vierzylinder (42 PS) und den Diesel-Forty (3G) mit einem Cat D6100-Dreizylinder (44 PS) ab. Äußerlich ähnelte der Forty stark seinem Vorgänger. Einige Änderungen am Fahrwerk konnten den Auftritt des Schleppers allerdings nicht verändern. Von der Benzinvariante gingen 584, von der Dieselversion 1971 Exemplare an die Kunden.

Noch vor dem Thirty-Five hatte Caterpillar 1931 den Fifty (5A) auf den Markt gebracht. Thirty-Five und

Forty orientierten sich in ihren Designs an den Fifty. Bei seiner Vorstellung war die Typenbezeichnung „Fifty" an der Kühlerflanke platziert, verschwand dort aber 1933 und wanderte an die Kühlerfront. Ende 1933 wurde der Tank von seiner Position vor dem Fahrer an einen Platz hinter dem Chauffeur verlegt. Auch die Spritzwand und die Instrumente wurden deutlich modifiziert. Diese Veränderungen übernahmen später auch die größeren Modelle – die kleineren Schlepper Thirty-Five und Forty kamen jedoch nicht in den Genuss dieser Modellpflegemaßnahmen.

Der Fifty-Benziner wurde von einem Cat 7500G-Vierzylinder mit 50 PS angetrieben, die sich 1933 auf 52,65 PS steigerten. Der Diesel-Fifty (1E) kam erst 1933 auf den Markt. Als Antrieb diente ein Cat D7700-Vierzylinder mit einer Leistung von 56,03 PS. Am Ende der Bauzeit 1937 waren 1808 Exemplare ausgeliefert worden. Der Diesel kam trotz einer um ein ganzes Jahr kürzeren Bauzeit auf 2065 Maschinen. Irgendwie war dies eine deutliche Botschaft der Kundschaft an das Unternehmen.

1932 stellte Caterpillar den Sixty-Five (2D) als Nachfolger für den Sixty-Benziner vor. Der Sixty-Five bot im Vergleich zum erfolgreichen Sixty ein komplett neues Design, das vielleicht sogar etwas zu gewagt war. Mit seiner hohen und runden Haube, dem steilen Kühler, ähnelte der Sixty-Five einem mechanischen Dickhäuter. Unter dem Blech arbeitete ein Cat 9000G-Vierzylinder-Benziner, der auf 68 PS kam. Rahmen und Fahrwerk bauten weitgehend auf das Design der Diesel Sixty/Fifty auf, wobei der Rahmen angesichts der kompakten Maschine verkürzt werden konnte. Der Benziner war ein zuverlässiger Arbeiter, von dem während sei-

Im Vergleich zu den Benzinmotoren hatte das Dieselaggregat eine fast schon elegante Außenhaut. Doch was zählte, waren die inneren Werte, und da ließ der Selbstzünder einfach sein Drehmoment für sich sprechen.

Der Caterpillar Thirty-Five (5C) mit Benzinmotor kam 1932 auf den Markt und wurde Ende 1934 vom Forty (links) abgelöst. Foto: ECO

1933 kam mit dem Caterpillar Thirty-Five (6E) das Dieselgegenstück zum Thirty mit Benzinmotor auf den Markt. Dieses seltene Modell, das in Obstplantagen eingesetzt wurde, gehört zur Sammlung von Keith Clark. Foto: ECO

ner kurzen Bauzeit 521 Exemplare verkauft wurden. Doch die Verkleidung der Mechanik war zu radikal für ihre Zeit. Die Kunden fanden den Schlepper schlicht hässlich, und wer wollte schon einen hässlichen Schlepper? Heute wird man ihn kaum als hässlich einstufen – vielleicht als etwas plump, aber dennoch als einen der interessantesten Schlepper.

Für Caterpillar waren der Seventy (8D) und Diesel-Seventy (3E) der Auftakt für eine erfolgreiche Reihe von starken Schleppern. Beide wurden Anfang 1933 eingeführt und teilten weitgehend ihr Blechkleid mit Ausnahme der unterschiedlichen Anordnung der Lüftungsschlitze. Doch das Wichtige waren die Motoren unter dem Blech. Der Benziner nutzte einen großen Cat

Ende 1934 brachte Caterpillar den Diesel Forty (3G) zu den Händlern, dem man noch eine Benzinvariante zur Seite stellte. Der Forty war der Nachfolger des Diesel Thirty-Five, von dem er die Spurbreite übernahm. Foto: ECO

9500G-Vierzylinder mit 76 PS, die bald auf 77,07 anstiegen. Der Diesel-Seventy wurde im Prinzip von dem Aggregat angetrieben, das bereits beim Sixty für den Vortrieb gesorgt hatte. Doch dank einiger Modifikationen hatte der D9900 nun 76 PS. Auf dem Papier waren beide Varianten absolute Siegertypen. Doch die knappen Geldmittel und die immer schnelleren technischen Fortschritte bei Cat nahmen den Modellen bald den Glanz. Am Ende seiner Bauzeit 1937 hatte der Benziner-Seventy nur 266 Kunden gefunden. Die Zeit der großen Benzinschlepper neigte sich bei Caterpillar dem Ende entgegen. Vom Diesel-Seventy waren gerade 51 Einheiten gebaut worden, als er 1933 nach wenigen Monaten eingestellt wurde. Doch die geringen Stückzahlen verschleiern Caterpillars Aufbruch in die Welt der großen Schlepper. Es war einfach Zeit für die neue Plattform, weil Caterpillar einen neuen, starken Dieselmotor entwickelt hatte, der den erfolgreichen D9900 ablösen sollte.

Caterpillar konzentrierte sich Mitte 1933 ernsthaft auf die großen Dieselschlepper, als man den Diesel Seventy-Five (2E) als Nachfolger für den Diesel-Seventy auf den Markt brachte. Dank großer Staatsaufträge sank

Als der Caterpillar Fifty (5A) 1931 auf den Markt kam, schmückte der Schriftzug noch die Seite des Kühlers, war der Tank vor dem Fahrer montiert. Zwei Jahre später wanderte die Typenbezeichnung an die Front des Kühlers und der Tank hinter den Fahrer. Foto: ECO Collection

Der „Umzug" des Tanks brachte dem Fahrer zusätzliche Bewegungsfreiheit, wie dieses Exemplar aus der Sammlung von Keith Clark zeigt. Foto: ECO

die Zahl der Arbeitslosen in den USA, und die Unternehmer benötigten nun größere Maschinen, um ihre ehrgeizigen Vorhaben zu bewältigen. Zur gleichen Zeit stellte R. G. Le Tourneau, ein Hersteller von Schlepper-Zubehör, neue große Erdbewegungswerkzeuge wie Zug-Schürfzüge und Bulldozer-Schilde vor. Der Diesel-Seventy-Five war für solche Gerätschaften wie maßgeschneidert und hatte bald einen festen Platz auf den Baustellen und in den Minen im Land. Unter der Haube ging der neue Cat D11000-Sechszylinder mit 83,23 PS zu Werke. Das neue Modell benutzte das weitgehend unveränderte Fahrwerk der Seventy-Serie, das nur so weit verändert wurde, um den Sechszylinder montieren zu können. Bis 1935 hatte das Kraftpaket 1978 Käufer gefunden.

Auto-Patrol

1928 machte Caterpillar einen großen Schritt in das Reich der Straßenbaumaschinen, als man das Unternehmen Russell Grading Manufacturing Co. aus Minneapolis, Minnesota, kaufte. Der seit langem als füh-

Der Caterpillar Diesel Fifty (1E) kam 1933 in den Handel und wurde parallel zur Benzinversion angeboten. Dieses Modell aus dem Jahre 1934 gehört George E. Lodge, Pennsylvania. Foto: ECO

Als erstes Modell in der Caterpillar-Geschichte zeichnete sich der Sixty Five (2D) durch seine abgerundeten Bleche aus. Von dem 1932 vorgestellten Raupenschlepper wurden jedoch bis zum Ende seiner Bauzeit Mitte 1933 nur 521 Exemplare gebaut, von denen dieses Modell aus dem Jahr 1932 in der Sammlung von Keith Clark steht. Foto: ECO

render Hersteller für Straßenbaumaschinen angesehene Hersteller ergänzte Caterpillars Programm perfekt.

Das Unternehmen war 1903 von Richard Russell und C. K. Stockland in Stephen, Minnesota, gegründet worden. Russells erstes Produkt war eine von Pferden gezogene Planiermaschine mit einer benzingetriebenen Förderanlage. Zunächst wurden der Bau der Maschinen dem Hersteller der Förderanlage überlassen, doch um die Kosten der Planiermaschine in den Griff zu bekommen, wurde deren Fertigung 1906 in die eigenen Hände genommen. Nachdem die Finanzierung gesichert war, zog man in eine neue Fabrik in Minneapolis, was die Kapazität des Unternehmens deutlich vergrößerte.

Die finanziellen Verwerfungen und Verzögerungen, die von der Entwicklung der Planiermaschine verursacht wurden, glichen die anderen Russell-Produkte aus. Dazu gehörten Schaufellader, Straßenhobel und Pflüge. Als erstes kam ein kleiner, von zwei Pferden gezogener Schaufellader auf den Markt, gefolgt von der „Simplex Road Machine", die von acht Pferden gezogen wurde. Der „Traction Special" war dann schon ein Straßenhobel, der von einem Schlepper gezogen werden musste. Beide Gerätschaften wurden 1908 vorgestellt. Bald kamen weitere populäre Straßenhobel wie der „Standard" (1912), „Mogul" (1913), „Super-Mogul" (1922), „Reliance" (1915), „Super-Reliance" (1923), „Special" (1912), und „Super-Special" (1924). Alle waren für den Zugbetrieb durch einen Schlepper vorgesehen.

Der nächste große Schritt auf dem Gebiet der Straßenbaumaschinen geschah 1919, als das Unternehmen den ersten Prototyp eines selbst fahrenden Graders vorstellte. Die Erfindung bestand aus einem einachsigen Schlepper von Allis-Chambers, an dessen Heck der Straßenhobel montiert war. 1920 kam der Russell Motor Hi-Way Patrol No. 1 auf den Markt, den er aber bald wegen Patentschwierigkeiten mit Allis-Chalmers wieder verlassen musste. Russell musste sich auf die Suche nach einem anderen passenden Schlepper machen.

Dieser Caterpillar Sixty-Five (1D) ist Teil der Sammlung von Max Tyler. Der Schlepper (Seriennummer 2D358) verfügt über einen vorderen Abschlepphaken. Das Fahrwerk des Sixty-Five wurde in großen Teilen vom Diesel Sixty/Sixty-Five übernommen. Foto: ECO

Der 1933 vorgestellte Caterpillar Seventy (8D) mit Benzinmotor war richtungsweisend für das Design der dreißiger Jahre. Das Modell war zugleich der stärkste Schlepper mit Benzinmotor. Als seine Produktion 1937 eingestellt worden war, hatten gerade 266 Exemplare die Fabrik verlassen – ein Exemplar (8D158) gelangte in den Besitz von Don Dougherty (Kalifornien). Foto: ECO

Zwischen Anfang und Herbst 1933 baute Caterpillar den Diesel Seventy (3E), dessen Motor sich bald als sehr anfällig herausstellte. Nachdem 51 Exemplare gebaut worden waren, kam mit dem Diesel Seventy-Five bereits die Ablösung. Foto: ECO Collection

1925 kam der nächste Russell-Versuch als Motor Patrol No. 2 mit einem Fordson-Schlepper auf die Baustellen. Nun war der Straßenhobel vor dem Schlepper montiert. Unglücklicherweise zeigte Fordson kein Interesse an dem Projekt, so dass Russell das Modell nach zwei Produktionsjahren wieder fallen lassen musste. Doch das Design mit dem Schlepper im Heck war vernünftig. Andere Russell-Schöpfungen auf diesem Gebiet waren der Motor Patrol No. 3 gegen Ende 1925 mit einem McCormick-Deering 10-20. Motor-Patrol No. 4 nutzte 1926 einen Caterpillar 2-Ton. 1927 wurde Motor-Patrol No. 5 mit einem Cletrac K-20 verkuppelt. 1928 schließlich kam der Motor Patrol No. 6 mit einem Caterpillar-Twenty.

Der Erfolg dieser motorisierten Grader, vor allem von Motor Patrol No. 4 mit dem Cat 2-Ton, hatte die Verantwortlichen von Caterpillar davon überzeugt, dass man die Russell-Straßenbaumaschinen unter einem neuen Dach weiter entwickeln sollte. Nach einigen Treffen kam es im August 1928 zum Kauf der Russell Grader Manufacturing Co., die vollständig in Caterpillar aufging. Caterpillar begann nun, die neue Produktlinie zu entwickeln und verkaufte daher erst einmal all jene Produkte an andere Hersteller, die nicht zu den hauseigenen Schleppern passten. Gleichzeitig verschwanden auch alle Motor-Patrol-Modelle vom Markt, die keinen Caterpillar-Schlepper benutzten. Die Straßenhobel allerdings blieben im Programm.

Dank des Dieselaggregats D11000 war der Seventy-Five (2E) die ideale Maschine für Bauunternehmen, Bergbau und große Farmen. Das abgebildete Modell (2E452) gehört zur Sammlung von Max Tyler. Foto: ECO

Links
Caterpillar ließ die alten, von einem Schlepper gezogenen Grader im Programm, nachdem man 1928 die Russell Grading Manufacturing Co. aufgekauft hatte. 1930 begann das Unternehmen mit der Modernisierung der Maschinen. Der abgebildete Grader No. 66 wurde 1940 gebaut und gehört heute George E. Logue. Angetrieben wurde das Gerät von einem acht PS leistenden Einzylinder. Auf den Markt kam das Modell bereits 1932. Foto: ECO

Ganz links
Der erste Grader mit Motorantrieb wurde 1919 als Hi-Way Patrol No. 1 von Russell gebaut. Als Antrieb diente ein Motor von Allis-Chalmers. 1920 kam das Modell in den Verkauf.
Foto: Caterpillar

Die neuen Caterpillar-Grader waren Motor Patrol No. 10 mit einem Cat-Ten-Schlepper (1929), die Nummer 15 mit einem Cat-Fifteen (1929) und die Nummer 20 mit dem Cat-Twenty, der vormals als Motor Patrol No. 6 gebaut worden war (1928). Das letzte Modell aus dieser Entwicklungsserie war die No. 28 (1933), die einen Cat Twenty Eight nutzte.

Die älteren Modelle mit Schleppern als Zuggeräte wurden zunächst im Programm belassen. Als Schlepper kamen Caterpillar Ten, Fifteen, Twenty, Twenty-Five, Fifty und Sixty zum Einsatz. Von 1930 an brachte das Unternehmen die Russell-Entwicklung auf Caterpillar-Niveau. Dazu gehören das Modell 77 (1930), No. 66 (1932), No. 44 (1930), No. 33 (1931) und No. 22 (1936). Zu den kleinen Straßenhobeln gehörten Trailer Patrol (1929) und No. 4 Hi-Way Patrol (1932).

Die großen Straßenhobel erlebten relativ lange Bauzeiten. Der Caterpillar Sixty löste den alten Russell 42-C Ende 1929 ab, und wurde selbst Anfang 1933 vom Caterpillar No. 48 ersetzt. Ein etwas kleineres Modell war No. 42, der wie No. 48 bis 1942 gebaut wurde.

Die wirkliche Neuheit war allerdings der 1931 vorgestellte Auto Patrol, der erste auf Gummireifen rollende, motorgetriebene Grader. Im Gegensatz zu den ersten Motor Patrol, bei denen der Straßenhobel einfach vor einen Schlepper gespannt wurde, hatte der Auto Patrol seinen eigenen Motor, der am Heck des Gefährts platziert war. Damit befand sich der Motor in einer sauberen Umgebung, der Fahrer hatte eine bessere Sicht und das zusätzliche Gewicht auf der angetriebenen Achse verbesserte die Traktion. Dieses Konzept erwies sich als so robust, dass es zum Vorbild für alle folgenden Modelle werden sollte.

Dieser seltene, 1933 gebaute Grader Caterpillar No. 48 kann heute noch eingesetzt werden. Das zur Sammlung von George E. Logue gehörende Gefährt war ursprünglich mit einem Benzinmotor ausgerüstet, wurde aber irgendwann mit einem Diesel nachgerüstet, der vom Werk erst von Ende 1936 an geliefert wurde. Die Produktion des No. 48 wurde 1942 eingestellt. Foto: ECO

1931 kam der Caterpillar Hi-Way Patrol auf den Markt. Seine Form sollte das Design der kommenden Jahrzehnte maßgeblich prägen, und im Prinzip unterscheiden sich die heutigen Grader nicht grundsätzlich vom Pionier der Branche. Foto: Caterpillar

Zunächst wurde die neue Maschine von Caterpillar einfach „Auto Patrol" genannt. Doch Ende 1931 war sie zum Model 9 (8A) geworden. No. 9 wurde von einem einfachen Cat 4200G-Benzinmotor angetrieben, der 36,2 PS leistete. Anfang 1932 folgte der etwas leichtere Straßenhobel No. 7, der mit dem Motor von No. 9 ausgerüstet war. Die Produktion der beiden Modelle endete 1933.

Caterpillar vervollständigte die Modellpalette zügig mit neuen und verbesserten Auto Patrols. Den Anfang machte Ende 1932 No. 11 (7D), dem 1933 No. 10 (7E) folgte. Beide Grader wurden von einem Benzinmotor angetrieben, der seine ganze Kraft der Hinterachse zur Verfügung stellte. 1934 kam der erste, von einem Diesel angetriebene, Straßenhobel (7F) auf den Markt. Als Motor diente der Cat D6100. Im gleichen Jahr kamen auch die ersten Modelle mit einer hinteren Tandemachse, die mehr Spurstabilität mit sich brachte. Mitte 1936 bekamen die Diesel-Grader die offizielle Bezeichnung No. 11, die bald von der Diesel-No. 10 ergänzt wurde. Als Antrieb diente der D4400-Diesel. Beide Modelle

Vom Caterpillar Diesel No. 10 Auto Patrol wurden zwischen 1936 und 1940 insgesamt 256 Single-Drive- und 747 Tandem-Drive-Exemplare gebaut. Dieses Modell steht heute in der Sammlung von George E. Logue. Foto: ECO

gab es mit einfacher sowie doppelter Hinterachse – wie schon die Benziner.

Mitte 1938 brachte Caterpillar den beliebtesten und berühmtesten Grader aller Zeiten auf den Markt. No. 12 (9K) zeichnete sich dadurch aus, dass seine neuartige Rahmenkonstruktion wesentlich steifer und stärker als die bisher genutzte Doppelrohr-Ausführung ausgefallen war. Doch noch wichtiger war die Fähigkeit der vorderen Räder, sich zu neigen, was die Kurvenradien kleiner werden ließ und die vom Hobel verursachten Seitenkräfte ausglich. Dieses Detail, das es seit 1937 gegen Aufpreis gab, war nun Bestandteil der serienmäßigen Ausstattung. Das ursprüngliche Modell No. 12 Auto Patrol wurde von einem 66 PS starken Cat D4600-Diesel angetrieben. Eine Benzinalternative wurde 1942 aus dem Programm genommen. Hintere Tandemachsen waren Standard. 1947 kam der neue D318-Diesel mit 100 PS zum Einsatz.

No. 11 und No. 10 der Baureihe wurden 1939 durch No. 112 und No. 212 ersetzt. Dennoch wurden die älteren Maschinen noch bis 1940 weiter produziert, um das Teilelager aufzubrauchen. Bei den neuen Hobeln handelte es sich um abgespeckte Versionen der No. 12, wobei No. 112 die größere war. Beide Modelle gab es als Diesel und Benziner und mit Einzel- sowie Doppelachse. Wegen des Zweiten Weltkrieges wurde die Produktion 1942 für No. 112 und 1943 für No. 212 unterbrochen. 1946 begann die Produktion von No. 212 wieder – ein Jahr später folgte No. 112, jedoch ausschließlich als Diesel.

Die drei Maschinen wurden noch in den fünfziger Jahren produziert. Aus der No. 12 war allerdings 1959 No. 12E geworden. Im gleichen Jahr wurde aus No. 112 No. 112E. Lediglich No. 212 wurde ohne Namensänderung bis 1957 hergestellt.

Zur gleichen Zeit wie Diesel No. 10 kam Diesel No. 11 Auto Patrol auf den Markt. Bis 1940 entstanden 56 Single-Drive und 1261 Tandem-Drive-Modelle. Foto: ECO

Diesel
RD-8
CATERPILLAR
Caterpillar

4

IMMER MEHR LEISTUNG

EIN REKORD JAGT DEN NÄCHSTEN

In den dreißiger Jahren hieß es langsam aber sicher Abschied nehmen von den Benzinmotoren in der Caterpillar-Modellpalette. Einige Benzinschlepper überlebten gerade noch die Dreißiger und schafften es in die Vierziger. Dies war die sogenannte R-Serie, die vor allem beim Militär und der Forstverwaltung beliebt war. Einige Exemplare kamen aber auch in privaten Besitz. Zwischen 1934 wurden fünf Modelle dieser Baureihe gebaut: R-2, R-3, R-4, R-5 und R-6.

Der Ende 1934 vorgestellte Caterpillar R-2 (5E3501) wurde von einem Cat-Vierzylinder mit 28,2 PS angetrieben. Nachdem 83 Exemplare produziert waren, endete seine Bauzeit 1937.

Der 5E-Serie des R-2 folgten die Versionen 4J und 6J, die auf dem Dieselfahrwerk des D2 aufbauten. Als Motor diente bei beiden Varianten der Cat 3400G-Vierzylinder mit 25,5 PS. Gebaut wurden diese Versionen zwischen 1938 und 1942. In dieser Zeit kamen 1185 Exemplare der 4J-Serie und 1150 des 6J auf den Markt.

Zwischen 1934 und 1935 bot Caterpillar einen R-3 (5E2501) Schlepper an, der sich stark am Twenty-Eight orientierte. Doch als Motor diente hier der stärkere Cat 5500G mit 36,64 PS als Antrieb. Nur 60 Exemplare wurden gebaut, und die gingen fast alle an staatliche Unternehmen, in erster Linie an die Forstverwaltung.

Der Caterpillar R-4 (6G) war der Letzte der benzingetriebenen Schlepper, die das Unternehmen anbot. Das 1938 eingeführte Modell war eigentlich ein Cat Thirty (6G) mit einer

In den dreißiger Jahren waren die Modelle Diesel Seventy-Five und D8 für Aufgaben zuständig, die besonders viel Power verlangten. Der 110 PS starke D13000-Diesel ähnelte dem 98 PS leistenden D11000 aus dem Seventy-Five. Beide Exemplare gehören zur Sammlung von Max Tyler. Foto: ECO

Ende 1934 brachte Caterpillar die Baureihe R2 auf den Markt. Die Kunden konnten im Laufe der Zeit zwischen drei Spurweiten wählen. Dieses Militärmodell gehört heute Marv Ferry, Oregon. Foto: ECO

Die Baureihe Caterpillar R-4 (6G) kam Anfang 1938 zu den Händlern und war eine Weiterentwicklung des Thirty, der 1935 sein Debüt gegeben hatte. Das mit einem Dozer von LeTourneau abgebildete Exemplar steht heute bei Don Dougherty, Kalifornien. Foto: ECO

neuen Typenbezeichnung. Einschließlich des Motors waren so gut wie alle technischen Details übernommen worden. Als die Produktion des R-4 1944 endete, waren 5383 Schlepper ausgeliefert worden.

Die 1934 ins Programm aufgenommene Baureihe R-5 teilte viele technische Details mit den Modellen Cat Thirty-Five und Forty. Dennoch war der R-5 ein eigenständiger Schlepper, der in drei Abschnitten gebaut wurde. Die erste Serie begann mit der Seriennummer 5E3001 und wurde bis 1936 ausgeliefert. In jenem Jahr kamen die R-5-Modelle von der Seriennummer 4H 501 an auf den Markt. Diese Serie lief 1940 aus, um der letzten Gruppe, den 3R-Maschinen, Platz zu machen. Von der 5E-Serie wurden 500, von der 4H-Serie 1000 und von der 3R-Serie noch einmal 49 Einheiten im Jahre 1940 gebaut. Unter den Hauben der Schlepper arbeitete der Cat 7500G-Vierzylinder mit einer Leistung von 53,37 PS, aus denen 1937 54,99 PS wurden.

Von allen Schleppern mit Benzinmotor ist der R-6 wahrscheinlich die größte Rarität. Bei diesem 1941 ein-

Vom R-3 mit Benzinmotor entstanden zwischen 1934 und 1935 nur 60 Exemplare. Heute gehört er zu den gesuchten Raritäten, von denen ein Exemplar in der Sammlung von Max Tyler steht. Foto: ECO

geführten Modell handelt es sich eigentlich um ein Fahrwerk des D6 mit einem Cat 4600G-Sechszylinder, der 55 PS leistete. Er wurde mit zwei verschiedenen Raupenmaßen angeboten, doch mehr als fünf Schlepper sind wahrscheinlich nicht entstanden. Um die Nachforschungen noch weiter zu erschweren, wurden damals – die USA hatten gerade Japan den Krieg erklärt – viele Produktionsunterlagen auf Verlangen der Regierung aus Sicherheitsgründen ausgelagert. Nach dem Krieg kamen einige Unterlagen wieder nach Peoria zurück – andere blieben aber verschollen. Und nachdem es heute keinen R-6 mehr gibt, lassen sich auch die Seriennummern nicht mehr an Hand von Unterlagen überprüfen.

Neben dem langsamen Abschied von den Benzinmotoren in den dreißiger Jahren spielten sich noch andere Dinge bei Caterpillar ab, die dem Unternehmen in den kommenden Jahren eine ganz neue Richtung geben sollten. Die Einführung des Diesels und des Auto Patrol waren die ersten Schritte in eine Zukunft, in der nicht mehr die Landwirtschaft die Hauptrolle spielen würde. Vielmehr übernahm nun die Abteilung Erdbewegung die wichtigste Position.

Die großen Arbeitsprogramme, mit der die Regierung die USA aus ihrer schlimmsten Wirtschaftskrise brachte, vergrößerten den Bedarf an schwerem Baugerät. Unter den Unternehmen, deren spezielle Gerätschaften wie etwa Bulldozer-Schilde oder Zug-Grader auch von zahlreichen Caterpillar-Traktoren benutzt wurden, überragte ein Lieferant alle anderen. R. G. LeTourneau spielte eine entscheidende Rolle beim Umbau von Caterpillar in ein Unternehmen, das weltweit eine führende Rolle bei Maschinen für Erdbewegungen und Bergbau einnehmen sollte.

In der Industrie für Erdbewegungsmaschinen nahm R. G. LeTourneau eine herausragende Position ein. Er galt als einer der größten Experten für die Produktion von preisgünstigen Anbau- und Zuggeräten und unterbot regelmäßig die Preise der Konkurrenz. Seine Produkte von Bulldozer-Schilden bis zu den Planiermaschinen wurden von allen bedeutenden Schlepper-Produzenten wie Cletrac, Allis-Chalmers und natürlich auch Caterpillar eingesetzt. Doch es war die Verbindung mit Caterpillar, die das Unternehmen erst richtig bekannt machte. Die prosperierende Firma hatte ihren Sitz im kalifornischen Stockton, verfügte über eine gute Verkaufsmannschaft, hatte aber nur wenige Händler, was sich 1934 änderte, als Caterpillar begann, alle Erdbewegungsmaschinen aus dem Hause LeTourneau über sein amerikanisches Händlernetz anzubieten. Auch viele der Verkaufsstützpunkte im Ausland übernahmen bald die Geräte von LeTourneau. Die Caterpillar-Händler konn-

Der Caterpillar-Schlepper D2 mit Benzinmotor wurde 1938 vorgestellt und erwies sich als äußerst beliebtes Modell, das es mit zwei Spurbreiten gab. Diese Exemplar mit dem über der Kette montierten Tank steht in der Sammlung von Tom Novak, Ohio. Foto: ECO

Der Caterpillar D2 wurde vom überarbeiteten Dieselaggregat Cat D311 angetrieben, das den D3400 ablöste. 1947 stand das Modell bei den Händlern. Dave Smith ist stolzer Besitzer dieser Maschine aus dem Jahr 1955. Foto: ECO

Der Caterpillar R-4 (4G) kam 1936 ins Lieferprogramm. Der Schlepper entstand auf Basis der R-4-Baureihe, hatte aber einen Dieselmotor. Das Exemplar mit einer Schaufel von LeTourneau gehört heute Wayne Swart, Kalifornien. Foto: ECO

Gerade 46 Exemplare wurden vom D5 (9M) gebaut, der nur 1939 im Lieferprogramm stand. Bei dem Schlepper handelte es sich um einen D6 mit einem speziellen D4-Fahrwerk. Dieser D5 gehört Paul Kirsch, Oregon. Foto: ECO

ten allerdings immer noch Produkte anderer Hersteller anbieten, doch die Verbindung der beiden Unternehmen war ohne Zweifel eine der bedeutendsten Allianzen der Industrie.

Um die Auslieferung und die Produktion der verschiedenen Gerätschaften zu beschleunigen, vergrößerte LeTourneau seine Kapazitäten, indem er 1935 in Peoria, Illinois, eine Fabrik baute. Die im Nordosten der Stadt gelegene Produktionsstätte war von der Caterpillar-Fabrik in East Peoria nur durch den Illinois-River getrennt. Das war natürlich kein Zufall. Caterpillar-Schlepper konnten so preiswert in die Fabrik von LeTourneau transportiert werden, um dort mit den zusätzlichen Gerätschaften ausgerüstet zu werden. Dies sollte sich während des Zweiten Weltkrieges als besonders vorteilhaft erweisen, als das Militär so ziemlich alles abnahm, was die beiden Unternehmen herstellen konnten. Auf allen Kriegsschauplätzen bedienten ehemalige Mitarbeiter der beiden Firmen Schlepper aus dem Hause Caterpillar, die mit zusätzliche Ausrüstungen von LeTourneau komplettiert worden waren. Es war in der Tat eine unschlagbare Verbindung, die nur von den beiden Partnern zerstört werden konnte. Und genau dazu kam es.

Die Typenbezeichnung des RD-4 wurde Ende 1937 in D4 vereinfacht. Bei dem abgebildeten Modell handelt es sich um einen 1945 für militärische Zwecke produzierten Schlepper mit einem Schürfgerät von LeTourneau, der zur Sammlung von Ed Akin, Kalifornien, gehört. Foto: ECO

Der RD-7 war der „große Bruder" des RD-6, von dem bis zu seiner Ablösung durch die Baureihe 9G nur ganze 25 Exemplare gebaut wurden. Die Kunden konnten zwischen zwei Spurbreiten wählen. Foto: ECO

Caterpillar brachte die beliebte Baureihe RD-6 1935 auf den Markt. Von der ersten Serie wurden jedoch nur fünf Modelle gebaut, bevor sie von der 2H-Serie abgelöst wurden. Dave Smith aus Oregon restaurierte dieses Exemplar aus dem Jahr 1935, das heute vor der Fabrik in East Peoria ausgestellt wird. Foto: Randy Leffingwell

Der Caterpillar RD-7 mit seinem drehmomentstarken D8800-Diesel zeichnete sich durch seine hohe Produktivität auf den Baustellen der USA aus. Foto: ECO Collection

Nach monatelangen Spekulationen erklärte LeTourneau im Februar 1944, dass die Verbindung der beiden Unternehmen beendet sei. Im Mai 1944 schließlich verkündete Caterpillar, dass man nun die Produktion von Bulldozern und Planiermaschinen in die eigenen Hände nehmen würde. Ein Grund für die Trennung war zweifellos die Vorstellung des Tournapull im Jahre 1938. Der LeTournau Tournapull war der erste Schürfzug, der mit Gummibereifung ausgerüstet war. Auch wenn die ersten Tournapulls mit Caterpillar-Motoren ausgestattet waren, so stellten sie doch eine Bedrohung dar. Jeder verkaufte Tournapull war ein Caterpillar-Schlepper weniger auf dem Markt. 1941 brachte Caterpillar den DW10 mit Gummibereifung auf den Markt, der speziell für den Einsatz beim Planieren gedacht war. Beide Unternehmen standen sich nun als Konkurrenten und nicht mehr als sich ergänzende Partner gegenüber. Ohne den Krieg wäre die Verbindung wahrscheinlich noch früher auseinander gegangen.

Während der Partnerschaft mit LeTourneau lief bei Caterpillar die Entwicklung von Raupenschleppern auf Hochtouren. Während die Benziner ausgemustert wurden, kamen neue Dieselmodelle auf den Markt. Der erste kleine Dieselschlepper war der D2 (3J/5J), der 1938 auf den Markt kam und die Tradition des Unternehmens in der Landwirtschaft fortschrieb. Allerdings wurde er auch Bauunternehmern angeboten. Der D2 war ein äußerst zuverlässiger und sparsamer Schlepper, der von einen Cat D3400-Vierzylinder mit einer Leistung von 25,5 PS angetrieben wurde. 1947 wurde dem D2 (4U/5U) der D311-Vierzylinder mit 32 PS implantiert. Äußerlich unterschied sich die neue Baureihe durch ein neues Kühlergehäuse. Bis 1957 blieb das Modell im Angebot.

Das nächst größere Modell war der RD-4, der 1936 auf den Markt kam. Mit Ausnahme des Motors entsprach der RD-4 (4G) weitgehend dem Benziner R-4. Der RD-4 wurde von einem Cat D4400-Vierzylinder mit 35 PS angetrieben.

Ende 1934 wurde die Typenbezeichnung des RD-4 der Einfachheit halber auf D4 verkürzt. Bis auf einige Veränderungen am Kühler und der Kettenführung blieb das Modell unverändert. Zu weiteren Modellen aus dieser Baureihe gehört die 7J-Serie von 1939 bis 1943, die 2T-Serie von 1943 bis 1945 und die 5T-Serie von 1945 bis 1947. Alle Modelle wurden von dem bewährten D4400-Diesel angetrieben. 1947 kam ein überarbeitetes D4-Modell (6U/7U) mit dem Cat D315-Vierzylinder mit 43 PS auf den Markt. Beide Varianten des D4 waren bei der Kundschaft außerordentlich beliebt und blieben mit regelmäßigen Steigerungen der Leistungsdaten bis 1959 im Programm.

Im Jahre 1939 gab die Baureihe D5 (9M) ein kurzes Gastspiel auf dem Markt. 46 Modelle wurden 1939 gebaut. Als Antrieb diente der Sechszylinder Cat D4600, der 45 PS leistete. Bei dem Schlepper handelte es sich im Prinzip um einen D6, der mit einem speziellen D4-Chassis ausgestattet wurde. Der D5 verschwand erst einmal aus den Katalogen und tauchte erst 1967 als komplett neues Modell wieder auf.

Der 1935 vorgestellte RD-6 (5E8501) war eine leistungsstärkere Variante des Diesel Forty und ein echter Allrounder im Modellprogramm. Neu war aber vor

Zusammen mit dem Schürfzug No.70 bildete der Caterpillar D7 (3T) eine perfekte Einheit. Der 1944 auf den Markt gebrachte Schlepper wurde 1955 vom D7C abgelöst.

„Hochzeit“ im Caterpillar-Werk. Ein D8-Schlepper steht im März 1942 kurz vor seiner Fertigstellung. Die Maschine leistete 131 PS und wurde 1945 durch die Baureihe 2U abgelöst. Foto: Caterpillar

Aus dem 1935 vorgestellten RD-8 wurde Ende 1937 der D8. Dieses Modell aus dem Jahr 1935 gehört zur Sammlung von George E. Logue. Foto: ECO

allem sein Name. Allerdings wurden mit diesen Seriennummern nur fünf Exemplare gebaut. Im gleichen Jahr löste die 2H-Serie die ursprüngliche Version ab. Der neue RD-6 wurde vom Dreizylinder Cat D6600 angetrieben, der 45,38 PS leistete. Ende 1937 verlor der RD-6 das „R" und war nun der D6. Äußerlich blieb der Schlepper unverändert.

1941 kam die vollkommen neue D6-Baureihe (4R/5R) ins Programm. Der D6 war eine attraktive Maschine, die auch ästhetische Werte hatte. Vor allem die Frontpartie war mit ihren abgerundeten Ecken und spitz zulaufenden Linien äußerst ansehnlich. Die Modelle dieser Baureihe wurden vom Cat D4600-Diesel angetrieben, der schon im D5 (9M) montiert war, nun aber über 55 PS verfügte. Bis 1947 blieben die Versionen 4R und 5R im Programm und wurden dann zur 8U- beziehungsweise 9U-Serie aufgewertet. Diese Modelle blieben dann bis 1959 im Lieferprogramm. Das wirklich Neue bei den beiden Maschinen war der Sechszylinder Cat D318, der 66 PS leistete. Gleichzeitig wurden auch der Kühler und die Seitenbleche so verändert, dass die Maschine nun etwas konservativer aussah.

Der Caterpillar RD-7 setzte die Tradition des RD-6 fort, war aber größer und stärker. Der 1935 vorgestellte

Kombiniert mit einem Schild von LeTourneau wurde aus dem D8 eine Maschine, die nichts aufhalten konnte. Foto: ECO Collection

Ganz links:
1941 kam der D8 (1H8370 SP) aus der Fabrik und ist auch noch 1999 einsetzbar, wie sein Besitzer Dick Railing aus Kalifornien beweist. Foto: ECO

Links:
Nach dem Ende der Zusammenarbeit mit LeTourneau 1945 brachte Caterpillar seine eigenen Schaufeln und Schilde auf den Markt. Dieser D8 aus dem Jahr 1945 gehört Ed Akin aus Kalifornien. Foto: ECO

Schlepper RD-7 (5E7501) war im Prinzip ein Cat Diesel Fifty mit neuer Typenbezeichnung und mehr Leistung, von dem nur 25 Exemplare an die Kundschaft ausgeliefert wurden. Mit der Vorstellung der 9G-Serie begann der RD-7 sein Eigenleben. Diese Baureihe wurde vom Vierzylinder Cat D8800 mit 61 PS angetrieben. Wie bei den anderen Modellen fiel 1937 das „R“ weg, so dass man jetzt nur noch vom D7 sprach. 1940 wurde die 9G-Serie von der Baureihe 7M abgelöst, die mit dem Design des D6 zu den Kunden rollte. Der Diesel D8800 arbeitete unter der Haube, leistete nun aber 75 PS. Gegen Ende des Jahres waren daraus 80 PS geworden.

1944 wurde die 9G-Serie des D7 vom Nachfolgemodell 3T abgelöst, das sich vor allem durch eine überarbeitete Mechanik unterschied. Bis 1955 blieb die 3T-Baureihe im Lieferprogramm. Als Ablösung stand dann die wesentlich verbesserte Baureihe D7C (17A) bereit, die von einem Cat D339-Vierzylinder mit 102 PS angetrieben wurde. Der D7C blieb bis 1958 im Programm und wurde 1958 vom D7D abgelöst.

Zwischen 1944 und 1945 legte das Unternehmen zwei spezielle Serien des D7 für die amerikanische Armee auf. Die 4T-Serie wurde in beiden Jahren, die Baureihe 6T nur 1945 gebaut. Dabei handelte es sich

Bis in die fünfziger Jahre wurde der ständig verbesserte D8 gebaut. Dieses Modell aus dem Jahre 1954 zieht einen Schürfzug Cat No. 80 (2D). 1953 war die Leistung des Modells auf 185 PS gesteigert worden. Beide Einheiten stehen in der Sammlung von Ed Akin. Foto: ECO

um D7-Schlepper, die für die besonderen Transport- und Arbeitsbedingungen vorbereitet worden waren.

Das größte Exemplar der RD-Serie war der RD-8 (5E8001), der 1935 auf den Markt kam. Dabei handelte es sich um einen Diesel Seventy-Five mit zusätzlicher Leistung. Nur 35 Stück wurden an Kunden geliefert. Die nächste Version des RD-8 (1H) bot wesentlich mehr. Unter der Haube des großen Schleppers arbeitete der Sechszylinder-Diesel Cat D13000, der 95 PS leistete. Der Seventy-Five und der RD-8 ähnelten sich zwar äußerlich noch sehr, doch war der Schlepper dank seines Motors eines der bedeutenden Modelle. Gegen Ende der Bauzeit der 1H-Serie 1941 hatte sich die Leistung auf 113,14 PS gesteigert. Wie alle Modelle der RD-Reihe wurde auch der RD-8 Ende 1937 umbenannt und als D8 bis Ende 1941 gebaut. Als Nachfolger kam dann der 8R auf den Markt, der sich äußerlich wenig, dafür aber um so mehr in der Mechanik von seinem Vorgänger unterschied. Dieses Modell wiederum wurde Ende 1945 von der 2U-Serie abgelöst. Der zuverlässige D13000 leistete nun 130 PS. Anfang 1950 bekam der Schlepper eine neue Kühlerverkleidung, die die Silhouette des Modells für die kommenden Jahre bestimmen sollte. Das letzte Modell aus dieser Serie war die 13A-Baureihe, die von 1953 bis 1955 gebaut wurde. Diesem Schlepper standen nun 150 PS zur Verfügung.

1955 hatte Caterpillar zwei Modelle aus der D8-Serie im Angebot. Die Baureihe 15A D8D verfügte über einen Drehmomentwandler, während die Serie 14A D8E einen direkten Antrieb hatte. Beide Schlepper wurden vom Sechszylinder-Diesel Cat D342 mit 155 PS angetrieben. 1956 wurde aus dem D8D der D8G und der D8E logischerweise zum D8F befördert. Beide Modelle wurden Ende 1958 durch den D8H abgelöst.

War der D8 schon ein großartiger Schlepper, so sollte ihn ein ebenfalls in den fünfziger Jahren gebautes Modell noch übertreffen. Der legendäre D9 war auch dadurch etwas Besonderes, weil er von Grund auf neu

Im September 1946 hatten die Caterpillar-Ingenieure den experimentellen D9-Schlepper fertig gestellt, bei dem der Kühler nach hinten und der Fahrersitz nach links gewandert war. Foto: Caterpillar

entwickelt wurde und nicht auf einem bereits existierenden Modell aufbaute. Er war weder eine Weiterentwicklung noch eine aufgemotzte Version des D8.

Die Geschichte des D9 startet 1946, als das Unternehmen damit begann, einen Prototyp zu testen, der technische Details aufwies, die man bis dahin bei Caterpillar noch nicht gesehen hatte. Am auffallendsten war die Verlegung des Kühlers ans Heck, um so den Vorbau mit dem Motorraum zu verkürzen. Doch dann beschlossen die Verantwortlichen, dass diese Entwicklung zu radikal sei, und das Projekt wurde beendet. Außerdem gab es damals noch nicht die Produktionswerkzeuge, um einen derartigen Schlepper in größeren Stückzahlen zu fertigen.

Anfang der fünfziger Jahre begann sich Caterpillar wieder Gedanken über einen größeren Schlepper zu machen. Einige Komponenten waren bereits in D8-Testexemplaren geprüft worden. 1952 schließlich beschlossen die Verantwortlichen den Bau von zwei Prototypen, aus denen später der D9 entstehen sollte. Die so gewonnenen Daten führten schließlich zum Bau einer Pilotserie von zehn weiteren Schleppern, die als D9X 1954 aufwändigen Praxistests unterzogen wurden, die sowohl auf dem Testgelände als auch bei ausgewählten Kunden auf realen Baustellen stattfanden. Die erste Kritik kam von den Unternehmern, die angesichts des hohen Gewichts die mangelhafte Leistung beklagten.

Im Mai 1954 ging dieser 10 D9X-Prototyp in die Felderprobung. Zu jenem Zeitpunkt hatte der Cat D353-Diesel noch keine Turboaufladung. Das Serienmodell D9D, das Mitte 1955 zu den Händlern kam, hatte dann einen aufgeladenen Motor. Foto: ECO Collection

Dieser frühe gezogene Schürfzug Caterpillar No. 70 (8C) wurde im Juni 1946 fotografiert. Zusammen mit No. 60 und No. 80 kam das Modell 1946 auf den Markt und bildete den Auftakt für diesen neuen Produktionszweig. Foto: ECO Collection

Dieser Caterpillar D9E verfügte über eine Leistung von 335 PS. Die ersten Maschinen der E-Serie kamen Mitte 1959 zu den Händlern. 1961 wurden sie vom D9G abgelöst. Foto: Caterpillar

Der D9X wurde ursprünglich vom neuen Sechszylinder-Diesel Cat D353 mit einer Leistung von 200 PS angetrieben. Das Leistungsdefizit lösten die Techniker des Hauses durch den Einbau eines Turboladers, der den Testschleppern auf Anhieb mehr Kraft zur Verfügung stellte. Nach einigen weiteren Änderungen kam der D9X schließlich 1954 als D9D auf den Markt.

Der Caterpillar D9D war als großer Schlepper ideal für schwere Erdbewegungen, auch in den Bergwerken. Den D9D gab es in zwei Versionen: die 18A-Versionen mit Direktantrieb und die 19A-Varianten mit Drehmomentwandler. Zunächst standen 230 PS bereit, die sich 1956 auf 260 PS steigerten.

Dem D9D folgte Mitte 1959 der D9E, den es in drei Versionen gab. Mit Powershift als 34A, Direktantrieb als 49A und mit Drehmomentwandler als 50A. Der turbogeladene D353 lieferte nun 268 PS. Die weiteren Änderungen waren ein verstärktes Fahrwerk und länger einsetzbare Raupen. Gegen Aufpreis konnte man zum ersten Mal in der D9-Baureihe eine Hydraulik-Kontrolle für die Bulldozer-Schaufel ordern. Der D9E war

Ende 1940 stellte Caterpillar seinen ersten zweiachsigen Schlepper als Zugmaschine für Schürfzüge vor. Als DW10 ging er 1941 in Produktion und wurde zumeist zusammen mit den Schürfzügen von LaPlant-Choate oder LeTourneau eingesetzt. George E. Logue besitzt dieses Exemplar aus dem Jahr 1946. Foto: George E. Logue

eine verfeinerte Version des ursprünglichen D9, doch die wirklichen Veränderungen bei den Raupenschleppern kamen 1961 mit der Vorstellung der G-Serie.

Neue Produktlinien

Nachdem der Vertrag mit LeTourneau 1944 beendet worden war, konnte sich Caterpillar nun der Entwicklung weiterer Produkte zuwenden und Bulldozer-Schilde, Planierer und Aufreißmaschinen ins Angebot aufnehmen. 1945 kamen die ersten Bulldozer-Schilde des Unternehmens auf den Markt. Im Jahr darauf folgten angewinkelte Schilde. 1947 schließlich kamen hydraulisch kontrollierte Varianten. Aufreißmaschinen folgten als Cat No. 18 und Cat No. 28 im Jahre 1946. Diese neuen Produkte ergänzten die Modellpalette perfekt, mit der man so weltweiter Marktführer wurde.

Caterpillars neue Planierer bedeuteten eine direkte Konkurrenzsituation mit LeTourneau in diesem Marktsegment. Der erste gezogene Planierer kam als No. 60 in die Modellpalette. No. 70 und No. 80 folgten noch im gleichen Jahr 1946. Ein kleineres Gerät, No. 40 mit hydraulischer Kontrolle, kam 1949 zu den Kunden, während No. 90 im Jahre 1951 auf den Markt rollte.

No. 40 war das kleinste Modell und für den Einsatz hinter einen D4-Schlepper mit der hydraulischen Kontrolleinheit No. 44 entwickelt worden. Der Schürfzug hatte eine Kapazität von 2,7 Kubikmeter.

No. 40 folgte No. 60 mit einer Kapazität von 4,5 Kubikmetern und war für den Einsatz mit einem D6-Schlepper gedacht. Die Planierer waren mit dem Schlepper über Kabel verbunden und wurden vom D6 aus gesteuert, wenn dieser mit einer Kontrolleinheit verbunden war.

Der Planierer No. 70 war für den Einsatz mit dem D7-Schlepper entwickelt worden und wurde wie der No. 60 gesteuert. Seine Kapazität lag bei 6,6 Kubikmetern.

In dieser Baureihe waren die Planierer No. 80 und No. 90 die größten Modelle, die beide für den D8-Schlepper entwickelt worden waren. No. 80 hatte eine Kapazität von zehn Kubikmetern, bei No. 90 waren es 16 Kubikmeter. Die Werte konnten durch eine Verbreiterung auf 19 beziehungsweise 23 Kubikmeter erhöht werden.

Der hintere Teil der Planierer 60, 70 und 80 veränderte sich im Laufe der Jahre durch den Einbau von einstellbaren Achsen, die dafür sorgten, dass die Schürfzüge auch dann eine ebene Fläche planierten, wenn die Durchmesser der Reifen leicht variierten. Die modifizierte Nummer No. 60 kam 1952 auf den Markt und hatte nun eine Kapazität von fünf Kubikmetern. No. 70 wurde von 1951 verkauft und bot Werte von 7,6 Kubikmetern (neun Kubikmeter mit Verbreiterung). 1950 kam No. 80 als überarbeitete Version in die Modellpalette und hatte nun eine Kapazität von elf Kubikmetern (13 mit Verbreiterung). No. 90 hatte bereits das neue Design, als sie 1951 vorgestellt wurde.

1947 wurde der DW10 überarbeitet und seine Leistung gleichzeitig von 100 auf 115 PS gesteigert. Der abgebildete DW10 zieht einen Schürfzug von LeTourneau (LP Carryall). Das Gespann steht in der Sammlung von Ed Akin. Foto: ECO

Im Herbst 1950 kam der Caterpillar-Schürfzug DW20 (21C) auf die Baustellen, wo er sich auf Anhieb bewährte. Foto: ECO Collection

Ein DW20 mit einem Athey PD20-Anhänger wird beladen. Der PD20 hatte eine Ladekapazität von 30 Tonnen. Der DW20 konnte auch mit einem 40-Tonnen-Anhänger von Athey eingesetzt werden. Foto: Caterpillar

Mitte der fünfziger Jahre nahm das Unternehmen einige Veränderungen bei den Schürfzügen vor, wozu auch neue Typenbezeichnungen gehörten. 1955 wurde aus No.80 No. 463 und im folgenden Jahr änderte sich No. 70 in No. 435. No. 90 wiederum wurde als No. 491 weiter verkauft. No. 40 und No. 60 blieben, was sie waren.

Caterpillar schuf sich Ende 1940 eine Basis für selbst angetriebene Schürfzüge mit dem Schlepper DW10, der auf Gummireifen und zwei Achsen auf die Baustellen rollte. Der ursprüngliche DW 10 wurde vom Diesel-Sechszylinder D4600 angetrieben, der zunächst 90 PS leistete. Innerhalb weniger Monate wuchs dieser Wert auf 98 PS. Das Design des Schleppers entsprach dem der damaligen Lastwagen mit runden vorderen Kotflügeln, in denen die Scheinwerfer integriert waren. Wegen der Bedürfnisse der Kriegsproduktion wurde die Herstellung des DW 10 in den Jahren 1943 und 1944 unterbrochen. Der DW10 (6V) kam 1945 ins Lieferprogramm zurück, hatte nun aber 100 PS und eine einfachere Karosserie, bei der die Scheinwerfer neben dem Kühler montiert waren. Druckluftbremsen und hintere Kotflügel gehörten nun zur Serienausstattung. Mitte 1947 kam eine stark modifizierte Version auf den Markt, bei der nun der Sechszylinder-Diesel Cat D318 mit 115 PS eingesetzt wurde. Die vorderen Kotflügel und das Kühlergehäuse hatten nun ein einfacheres Design, um die Produktionskosten zu senken, was aber gleichzeitig zum Verlust aller runden Formen führte. Bis zum Ende der Bauzeit im Jahr 1954 endete sich nicht mehr viel. Als Nachfolger kam nun der größere DW15-Schlepper ins Lieferprogramm.

Der DW10 war ursprünglich auf den Markt gebracht worden, um mit Planierern der Firmen La Plant-Choate (CW Carrymor), LeTourneau (LS Carryall) oder den Anhängern von Athey oder Caterpillar „verkuppelt" zu werden. Der erste von Caterpillar für den Schlepper entwickelte Planierer war 1947 No. 10, der für den etwas stärkeren DW10 (1V) gebaut worden war und eine Kapazität von 6,6 Kubikmetern hatte. Ende 1951 kam No. 15 mit einer Kapazität von 7,6 Kubikmetern.

Anfang 1954 löste der DW15 den DW10 ab. Der neue Schlepper wurde vom Sechszylinder-Diesel Cat D326 mit 150 PS angetrieben. Der DW15 erinnerte

Beim Caterpillar No. 668 Series C handelt es sich um eine Allradversion des DW20, die nicht als militärisches Gerät vermarktet wurde. Der beim Militär eingesetzte DW20 (50C) wurde zwischen 1954 und 1955 gebaut. No. 668 stand von 1956 bis 1957 bei den Händlern. Foto: ECO Collection

stark an seinen Vorgänger, war nur größer. 1955 kam der DW15C zu den Kunden, der nun dank des verbesserten D326F-Diesels 186 PS leistete. Der DW15E schließlich brachte es 1957 auf 200 PS. Den Abschluss bildete dann der DW15F, der 1958 auf den Markt kam, und dessen Produktion bereits ein Jahr später eingestellt wurde. Für den Einsatz mit dem DW15 waren der Caterpillar No. 15 und dessen Nachfolger No. 428 und das ältere Modell No. 10 gedacht. No. 15 wurde Ende 1956 von No. 428 abgelöst.

Für die großen Baustellen bot Caterpillar in den fünfziger Jahren die damals äußerst beliebten Modellreihen DW20 und DW21 an. Diese Baureihen waren die Antwort des Unternehmens auf die großen Planierer, die von LeTourneau entwickelt worden waren. Die beiden Maschinen teilten sich die meisten Komponenten einschließlich des Motors. Der Unterschied bestand darin, dass es sich beim DW20 um einen Zweiachser mit vier Rädern handelte, während der DW21 einen Schlepper mit einer Achse und zwei Rädern darstellte.

Caterpillar stellte die beiden Maschinen im August 1948 auf der Baumaschinenausstellung in Chicago vor. Doch erst im September 1950 kamen die ersten Planierer zu den Kunden. Der DW20 wurde von einem neuen Sechszylinder-Diesel Cat D337 angetrieben, der dank Aufladung durch ein Roots-Gebläse auf 275 PS kam. Er musste den Planierer (Kapazität: 11,4 Kubikmeter)

Zusammen mit dem DW20 kam Caterpillar DW21, der erste motorisierte Schürfzug mit zwei Achsen, ins Lieferprogramm. Diese Kombination aus DW21 und Schürfzug No. 470 steht fertig zum Transport in der Fabrik in Decatur. Angetrieben wurde die Maschine von einem aufgeladenen D337-Diesel. Foto: ECO Collection

oder den W20 Wagon (10,7 Kubikmeter) ziehen. Später stieg der Wert auf 15,3 Kubikmeter, nachdem der DW20 einer Leistungskur unterzogen worden war.

Am Anfang legten allerdings technische Defekte den Motor immer wieder lahm, was den Ruf des DW20 beeinträchtigte. Caterpillar reagierte schnell und reichte den Diesel D337F nach, der zudem auf eine Leistung von 300 PS kam. Der DW20E war 1955 die erste Maschine, die so ausgestattet wurde. Mitte 1955 folgte der Planierer No. 456, der nun eine Kapazität von 13,7 Kubikmetern aufwies. Weitere Modelle der Baureihe waren der DW20F, der 1958 320 PS leistete, und der DW20G mit 345 PS. Als Planierer kamen No. 456B (14,5 Kubikmeter) und der 482B (16,2 Kubikmeter) zum Einsatz.

Die Geschichte des DW21 entspricht in weiten Bereichen der des Schwestermodells DW20. Der DW21 (8W) kam zur gleichen Zeit wie der DW20 auf den Markt und wurde ebenfalls vom Motor D337 angetrieben. Die Unterschiede beschränkten sich auf die Verbindung zur Planiermaschine. Die Kapazitäten entsprachen denen der anderen Maschinen. Mitte 1955 wurde der DW21 zur Baureihe DW21C. Die Planiereinheit war nun No. 470. Der DW21C wurde vom aufgeladenen D337F-Diesel angetrieben, der 300 PS leistete. Die Kapazität von No. 470 entsprach der beim

1937 rüstete die Trackson Company zum ersten Mal Caterpillar-Schlepper mit der „Traxcavator-Schaufel" aus. Sie war zunächst ausschließlich für den Thirty entwickelt worden. Das Bild entstand im November 1937. Foto: Marv Ferry Collection

Der größte der Trackson-Lader mit „Traxcavator-Schaufel" war das Modell T7, das für den Caterpillar D7 gedacht war. Die Schaufel hatte eine Kapazität von 1,7 Kubikmetern. Nachdem Caterpillar 1951 Trackson aufgekauft hatte, wurde die Schaufel in das Standardprogramm des Unternehmens aufgenommen. Foto: ECO Collection

DW20 benutzten No. 456. 1958 kam der DW21D auf den Markt, der über 320 PS verfügte. 1959 schließlich kam die stärkste Variante des DW21 als DW21G auf den Markt, die mit dem Schürfzug No. 470B verbunden war, deren Kapazität der bei DW20 genutzten Einheit No. 456B entsprach. Anfang 1961 wurden beide Baureihen eingestellt. Zu diesem Zeitpunkt hatte sich Caterpillar zu einem der Marktführer auf dem Markt für Schürfzüge entwickelt.

Eine spezielle Version der Baureihe DW20 war die 50C-Serie, ein allradgetriebener Schlepper, der vor allem als Flugzeugschlepper beim Militär zum Einsatz kam. Zwischen 1954 und 1955 wurden 170 Exemplare gebaut. Die zivile Version war No. 668C, die zwischen 1956 und Anfang 1957 hergestellt wurde. Der allradgetriebene Schlepper wurde vom aufgeladenen Diesel Cat D337F mit 300 PS angetrieben. Der Schlepper konnte auch mit einem Bulldozer-Schild (No. 668S) kombiniert werden, das sich über Hydraulik (No. 46) oder Kabel (No. 27) kontrollieren ließ. Das Modell konnte man auch für den Einsatz mit dem Planierer No. 456 ausrüsten, doch wegen des Flatterns der Vorderräder wurde diese Option bald fallen gelassen. Überhaupt hatte No. 668C erhebliche Probleme mit dem Allradantrieb, so dass man die Produktion ziemlich schnell wieder einstellte. Immer wieder brachen die Antriebswellen, wenn der Schlepper auf hartem Gelände arbeiten musste. Insgesamt entstanden gerade 48 Exemplare von No. 668C.

Zu den anderen wichtigen Modellreihen der fünfziger Jahre gehören Raupenschlepper und Rohrleger. Beide Produktlinien entstanden mit Ausrüstungen, die für Caterpillar von der Trackson Company in Milwaukee, Wisconsin, hergestellt wurden. Das 1922 gegründete Unternehmen begann 1936 damit, verschiedene Ausrüstungen für Rohrleger und andere Maschinen zu liefern. 1937 lieferte die Firma den ersten „Traxcavator", einen Schaufellader für den vertikalen Betrieb, der für den Schlepper Thirty (6G) entwickelt worden war. Weitere Modelle folgten. Ende der vierziger Jahre bot Caterpillar vier verschiedene Ladevorrichtungen von Trackson für seine Schlepper an. Dazu gehörte der „Traxcavaotor" T2 für den Cat D2, der T4 für den D4, der T6 für den D6 und der T7 für den D7. 1950 wurde das neue Modell HT4 vorgestellt, das für den D4 gedacht war, aber eine vollkommen neue Entwicklung darstellte. Anstelle der Kabel arbeitete nun Hydraulik, und das Design ließ alle anderen Konkurrenzmodelle im wahrsten Sinne alt aussehen.

Caterpillar fand die mit „Traxcavator" ausgestatteten Schlepper so gut, dass man sich entschloss, Trackson aufzukaufen. Ende 1952 verschwand der Name Trackson von allen Modellen. Alle Lader und die Rohrleger wurden nun Teil der offiziellen Caterpillar-Modellreihen. Zu den „Traxcavator"-Modellen gehörten: T2 (31C), T4 (32C), T6 (33C), T7 (34C), HT4 (35C) und die „Trac-Loader" L2 (36C) und LW2 (37C). Die Rohrleger waren

Diese „Traxcavator-Schaufel" T2 ist mit einem Caterpillar D2-Schlepper (5U1797) verbunden. 1999 wurde die Maschine wieder vollkommen restauriert und ist heute Teil der Historical Construction Equipment Association. Im Dezember 1951 stand diese Kombination als Caterpillar T2 (31C) im offiziellen Lieferprogramm. Foto: ECO

1950 wurde die erste hydraulische Lader-Entwicklung von Trackson Wirklichkeit. Der HT4-Lader hatte eine Kapazität von 0,8 Kubikmetern und war mit einem Caterpillar-D4-Raupenschlepper verbunden. 1951 wurde aus dieser Kombination das Modell Caterpillar HT4 (35C). 1955 wurde es vom Cat No. 955C abgelöst. Foto: ECO Collection

Caterpillar
Diesel
Nº6
Shovel
CAT
Nº6
Shovel
CATERPILLAR

die Modelle: PD4 (38C), MD6 (39C), MD7 (40C), MD8 (41C) und der hydraulisch kontrollierte MDW8 (42C).

Ende 1952 wurde die Produktion von T2, T4 und T7 eingestellt. Dafür stellte Caterpillar ein neues Modell No. 6 (10A) mit Schaufel vor. Es handelte sich dabei um den ersten voll integrierten Schaufellader, der vom ersten Tag an als Einheit von Schlepper und Lader entwickelt worden war. Dies war eine Premiere in der Industrie. No. 6 wurde vom Diesel Cat D318 mit 66 PS angetrieben und hatte eine Ladekapazität von 1,5 Kubikmetern. Ende 1954 standen 100 PS und eine Schaufel mit 2,2 Kubikmetern zur Verfügung.

Neben No. 6 konnten die Kunden noch den alten HT4 sowie L2 und LW2 kaufen, die 1953 aus dem Programm genommen wurden. Der HT4, der auf dem Schlepper D4 aufbaute, blieb bis 1955 lieferbar. In jenem Jahr brachte Caterpillar eine ganz neue Generation von Traxcavator-Modellen auf den Markt.

1955 stellte Caterpillar die 900-Traxcavator-Serie vor. Mitte 1955 kam der kleinste, No. 933C, kurz darauf gefolgt von No. 955C. Der Ersatz für No. 6 war das Modell No. 977D, das bis 1955 der größte Lader war. Bei allen diesen handelte es sich um neue Maschinen, die den Erfolg von No. 6 weiterführten. Bis in die sechziger Jahre wurde die ständig verbesserte Serie gebaut.

Auch die Rohrleger erlebten Veränderungen, die 1955 mit der Einführung von No. 583C begannen. No. 583C nutzte den Schlepper D8 und sollte die älteren MD8 und MDW8 ersetzen. 1957 kam das Modell No. 572C auf den Markt, das auf dem Schlepper D7 aufbaute und mehr Gewicht heben konnte als der MD7. Doch zunächst blieben beide D7-Rohrleger im Lieferprogramm. Ende 1959 kam No. 561B für den Schlepper D6 und als Ablösung für MD6. 1961 wurde schließlich der MD7 von No. 571 in den Ruhestand geschickt.

Der neu entwickelte No. 977D löste Ende 1955 den Caterpillar No. 6 Traxcavator ab. Das neue Modell war der größte Vertreter der neuen 900-Serie, zu der auch die Schlepper No. 933C (11A) und No. 955C (12A) gehörten. Die Aufnahme entstand 1960. Foto: Caterpillar

Der Caterpillar No. 6 mit „Traxcavator-Schaufel" war der erste hydraulische Kettenlader der Industrie, bei dem die Schaufel als integraler Bestandteil der Maschine entwickelt worden war. Das 1952 vorgestellte Modell hatte eine Kapazität von knapp 1,4 Kubikmetern und wurde von einem Cat D318 mit 76 PS angetrieben. Bis Ende 1954 waren daraus 100 PS geworden. Foto: Caterpillar

3535
CATERPILLAR
666
666

5

EISERNE MUSKELN VERSETZEN BERGE

Neue, bisher ungeahnte Dimensionen werden wahr

Die sechziger Jahre waren eine Epoche, in der die Maschinen für Erdbewegungen ganz neue Dimensionen erreichten. Bauprojekte in aller Welt, vor allem aber in den USA, ließen das Verlangen nach entsprechenden Ausrüstungen steigen. Der Bau der Super-Highways, die den Osten und den Westen der USA verbanden, Staudämme und Wasserleitungen benötigten kräftige und ausdauernde Gerätschaften. Und die Minengesellschaften, die nach Kupfer, Gold, Eisen und Steinkohle gruben, verlangten Maschinen, die man sich in der Industrie bisher gar nicht vorstellen konnte. Caterpillar und die anderen Unternehmen der Branche feierten einen Produktionsrekord nach dem anderen. Caterpillar passte die bestehenden Baureihen den Bedürfnissen der Kundschaft an und entwickelte zugleich Geräte, die wiederum ganz neue Geschäftsfelder eröffneten. In dieser Zeit bekam die Forschungs- und Entwicklungsabteilung einen ganz neuen Stellenwert, um die Bedürfnisse der Kunden in den folgenden Jahren befriedigen zu können.

Die 600er Schürfzüge

In den sechziger Jahren musste Caterpillar die Planierer praktisch neu erfinden, um mit den Bauprojekten, die in den Fünfzigern den Bau von 64.000 Kilometern Highways vorgesehen hatten, Schritt halten zu können. Das Unternehmen begann daher 1958 mit den Tests von

Obwohl dem Model 666 mit seinen beiden Motoren genauso viel Leistung zur Verfügung stand wie 657 hatte er eine wesentlich größere Ladekapazität. Die Maschine war für zügige Erdarbeiten entwickelt worden und gehört heute dem Bauunternehmen Osborne & Sons in Gillette, Wyoming. Foto: ECO

Der 619C löste 1960 das Modell 619B ab. Die neue Version verfügte über einen 250 PS leistenden D340-Diesel und ein automatisches Getriebe. Foto: Caterpillar

drei Prototypen (DW16, DW25, DW26). Der Zweiachser DW16 war der kleinste, der DW25 war bereits ein wesentlich größeres Exemplar mit einem zweiachsigen Schlepper. Wie der DW16 war der DW26 ein zweiachsiger Planierer mit einem einachsigen Schlepper. Die Ingenieure des Hauses benutzten diese Prototypen, um verschiedene Schlepper-Entwürfe zu testen. Dies geschah auf dem Testgelände des Unternehmens, aber auch auf echten Baustellen. Keines der Modelle ging jemals in Serie, doch einige Details wurden bei späteren Modellen übernommen.

Um endgültig mit der Vergangenheit zu brechen, ging die DW-Typenbezeichnung über Bord und wurde durch die 600-Serie ersetzt. Als erstes Modell der neuen Produktlinie kam 1959 der Caterpillar 619B, ein zweiachsiger Planierer, auf den Markt. Der einachsige Schlepper steuerte die Planiereinheit No. 442B über Kabel (Kapazität: 10,7 Kubikmeter). Der 619B wurde von einem aufgeladenen Diesel-Sechszylinder D33F mit 225 PS angetrieben. Der Typ 619B war das Ergebnis der beim Prototyp DW16 gewonnenen Erkenntnisse. Beide Maschinen hatten ähnliche Layouts, wobei allerdings 619B über eine größere Kapazität verfügte. Und auch der Kühler hatte eine neue Verkleidung bekommen. Der Motor aus dem DW16 wurde übernommen und sollte sich als der größte Schwachpunkt der Konstruktion erweisen. Das Aggregat war nicht sonderlich sparsam und die Leistung eher bescheiden. Caterpillar korrigierte dies 1960 mit dem überarbeiteten 619C, der von einem deutlich gestärkten D340, einem aufgeladenen Vierzylinder-Diesel mit 280 PS angetrieben wurde. 1960 brachte Caterpillar die beiden nächsten Modelle der neuen Serie als 630A und 631A auf den Markt. Der 630A war eine dreiachsige Konstruktion, wobei zwei Achsen dem Schlepper vorbehalten waren. Der 631A hatte zwei Achsen, die sich der Schlepper und der Planierer teilten. Die beiden neuen Modelle erinnerten an die Prototypen DW25 und DW26, wobei sich allerdings die Mechanik deutlich von den ersten Testgeräten unterschied. Beide neuen Planiereinheiten wurden vom Cat D343, einem 420 PS starken Diesel-Sechszylinder angetrieben und hatten eine Kapazität von 16 Kubikmetern. Die beiden Gerätschaften waren die letzten, über Kabel bedienten Schürfzüge des Unternehmens. Danach wurde bei allen Modellen eine Hydraulik benutzt. 1962 wurden die Maschinen überarbeitet und kamen als 630B und 631B auf die Baustellen. 1963 folgte der 613B Special Appliance (SA) für besonders schwere Einsätze. 1966 hatte sich die Leistung auf 400 PS bei beiden Versionen entwickelt.

Caterpillar hatte offensichtlich Vertrauen in die 600-Serie. Was mit dem Trio 1959 begonnen hatte, entwickelte sich 1962 zu einem vollwertigen Orchester. Das Unternehmen hatte einige Probleme, den großen Schürfzügen der Konkurrenz – vor allem Euclid – Gleichwertiges entgegen zu setzen. Doch nun kam Caterpillar mit einer veritablen Offensive auf den Markt. Gleich sieben neue Modelle rollten in die Niederlassungen der Firma, und bei den Maschinen handelte es sich um die größten, leistungsstärksten und fortschrittlichsten Maschinen, die jemals für den Straßenbau gebaut wurden. Vorgestellt wurden die zweiachsigen Modelle 641, 651 und der 657 mit zwei Motoren. Außerdem kamen die neuen Dreiachser 632, 650, 660 und der größte von allen, der 666 auf den Markt.

1960 hatte der Caterpillar 631A sein Debüt auf den Baustellen des Landes. Angetrieben wurde die beachtliche Maschine von einem 335 PS leistenden Cat D343-Diesel. Mit dem Nachfolgemodell 631B wurde die Steuerung des Schürfzuges auf hydraulische Kontrolle umgestellt. Foto: Caterpillar

Der Planierer 641 des Jahrgangs 1962 stand in der Größe eine Stufe über dem 631B. Der 641 wurde vom Achtzylinder-Diesel Cat D346 mit 450 PS angetrieben. Die Kapazität lag bei 21 Kubikmetern. 1963 kam der 641 Special Application für schwere Arbeitsbedingungen hinzu, und zwei Jahre später stieg die Leistung bei beiden Versionen auf 500 PS am Schwungrad. 1968 gab ein modifizierter 641 SA ein kurzes Gastspiel, bevor die B-Serie Ende des Jahres zu den Kunden rollte. Beim 641 BSA und dem Basismodell 641B stieg die Leistung auf 550 PS. Die Schürfkapazitäten blieben unverändert.

Das größere Modell 651 nutzte den selben Motor wie der 641, allerdings war die Ladekapazität mit 24,4 Kubikmetern großzügiger bemessen. Wie beim 641 stieg auch beim 651 die Leistung im Jahre 1965 auf 500 PS. 1968 kam der 651B mit 550 PS auf den Markt.

Das Topmodell der Baureihe war der 657 mit zwei Motoren, die, über den beiden Achsen montiert, Allradantrieb ermöglichten. Dieses Konzept war bereits vom Konkurrenten Euclid 1949 entwickelt worden. Euclid profitierte vom Allison Torqmatic-Getriebe, das den Front- und Heckantrieb synchron arbeiten ließ. Doch Caterpillar verfügte über kein eigenes Automatikgetriebe, was sich erst mit der Vorstellung der 600-Serie änderte. Nun war ein Planierer mit zwei Motoren möglich geworden. Vorne arbeitete der aus dem 651 bekannte Diesel, während im Heck der Cat D343A-Sechszylinder-Diesel mit 420 PS für Antrieb sorgte. Die beiden Motoren kamen zusammen auf eine Leistung von 785 PS. Die Ladekapazität entsprach der des 651. 1965 wurde die Leistung auf 860 PS angehoben, was sich 1966 auf 900 PS weiter entwickelte. Ende 1968 schließlich wurde auch diese Baureihe modifiziert und kam nun als 657B auf den Markt. Nun standen 950 PS zur Verfügung.

Auch Kunden, denen der Sinn nach der Stabilität eines Dreiachsers stand, wurden von der 600-Baureihe bedient. Der Caterpillar 632 benutzte den selben Schlepper wie beim 630B mit dem Cat D343-Diesel, der 420 PS leistete. Der größte Unterschied bestand in der größeren Kapazität, die bei 21,4 Kubikmetern lag. 1963 ging die 632 SA-Version an den Start. 1964 wurde die Leistung bei beiden Varianten auf 360 PS angehoben. Doch der Markt schien die größeren Dreiachser des Unternehmens zu bevorzugen. Unter den Zweiachsern war der 641 der favorisierte Typ, was auch erklärt, warum der 632 nur bis 1965 gebaut wurde.

Die großen Dreiachser von Caterpillar waren die Modelle 650, 660 und 666. Die drei Modelle teilten sich technische Entwicklungen, was vor allem für 660 und 666 gilt. Der 650 wurde vom Vierzylinder-Diesel Cat D346 mit 450 PS angetrieben. Dies war auch die Standardmaschine beim 660 und 666. Der 650 hatte eine Kapazität von 24 Kubikmetern – wie die Modelle 651 und 657.

Die Caterpillar 660 und 666 waren die größten Planierer, die das Unternehmen jemals hergestellt hatte. Beide Einheiten hatten eine Kapazität von 30,6 Kubikmetern. Der 660 benötigte mindestens zwei D9-Raupenschlepper, um die Gerätschaft in einer akzeptablen Zeit zu beladen. Der 666 benötigte nur einen D9, weil er über zwei Motoren wie der 657 verfügte. Die Heckmaschine entsprach der des 657 – einD343 mit 335 PS. Insgesamt verfügte der 666 über 785 PS. 1963 unterschieden sich die Schlepper der Modelle 650, 660 und 666 nur durch das Typenschild. 1964 stieg bei allen Versionen die Leistung auf 500 PS, und 1965 wurde die Leistung bei der Heckmaschine des 666 auf 360 PS angehoben, was insgesamt 860 PS ergab. 1966 verfügte der Heckmotor über 400 PS, was zu einer Gesamtleistung von 900 PS führte. 1969 schließlich wurden alle Versionen

Modell 630B war die dreiachsige Version des 631B, die beide 1962 den Kunden präsentiert wurde. Bis auf einige Details waren beide Schürfzüge identisch. Foto: ECO Collection

Der zweiachsige Schürfzug 657 verfügte über zwei Motoren. Das Modell kam 1962 auf den Markt. Bei der Maschine handelte es sich um einen 651 mit zusätzlichem hinteren Antrieb. Kam der 651 auf 450 PS so konnte der 657 insgesamt 785 PS mobilisieren. Foto: Caterpillar

Neben dem 657 kam auch der Dreiachser 666 im Jahre 1962 auf die großen Baustellen des Landes. Bis 1966 stieg die Leistung von zunächst 785 auf 900 PS. Der 666 galt als der größte „Standard"-Schürfzug, den das Unternehmen jemals angeboten hat. Foto: ECO

Für große Transportaufgaben konstruierte Caterpillar auf besondere Bestellung eine Kombination aus 657-Schlepper und 666-Schürfzug. Die ersten dieser Giganten wurden im Juni 1967 in der Fabrik in Decatur gebaut. Mit einer Leistung von 950 PS und einer Ladekapazität von knapp 50 Kubikmetern war das Gefährt ein echter Gigant. Diese Maschinen wurden nur auf besondere Bestellung gebaut und standen nie im Lieferkatalog. Foto: ECO Collection

zu B-Modellen. 650B, 660B und 666B hatten nun 550 PS, was beim 666B insgesamt 950 PS ergab. Dies waren die letzten Änderungen in der Baureihe. Die Produktion des 650B wurde 1972 eingestellt, während der 666B noch bis 1978 weiter gebaut wurde. Der Letzte der großen Dreiachser, ein 660B, entstand am 7. Februar 1979 in der Caterpillar-Fabrik von Decatur. Danach schloss Caterpillar das Kapitel dreiachsiger Planierer.
Nach der Neuheitenflut von 1962 stellte Caterpillar in den sechziger Jahren nur noch wenige neue Modelle vor. Eines davon war der 621, der Mitte 1965 den 619C ablöste und im Gegensatz zu seinem Vorgänger über eine hydraulische Ausrüstung verfügte. Angetrieben wurde der 621 vom Achtzylinder-Diesel Cat D336, der 300 PS leistete. Die Schürfkapazität lag bei 9,45 Kubikmetern. 1968 brachte Caterpillar die bei der Kundschaft sehr beliebte Baureihe 627 auf den Markt. Wie die Modelle 657 und 666 verfügte diese Serie über zwei Antriebseinheiten, stellte aber eine komplette Neuentwicklung dar, die nicht auf irgend einem anderen Modell aufbaute. Vorne und hinten sorgten jeweils ein Sechszylinder-Diesel Cat D333T für ausreichend Power, was kombinierten 450 PS entsprach. Die Kapazität lag bei 10,7 Kubikmetern – wie beim 621. 1969 kam der 627 in einer Push-Pull-Version zu den Kunden, wobei beide Einheiten so verbunden werden konnten, dass eine zügige Beladung gewährleistet war.
Eine ganz neue Dimension eröffnete der 1964 angebotene Schürfzug J619, der mit einer von Johnson Manufacturing entwickelten Hydraulik arbeitete. Dank seiner selbst ladenden Einheit benötigte man keinen zusätzlichen Dozer. Die Kapazität lag bei 13,5 Kubikmetern. Als Schlepper kam das selbe Gerät zum Einsatz wie beim 619C. Mitte 1965 wurde der J619 durch das verbesserte Modell J621 abgelöst. J621 nutzte den selben Schlepper wie der normale 621. Die Johnson-Hydraulik schaffte 14,5 Kubikmeter.

Seit 1968 wird der mittelgroße Schürfzug 627 mit zwei Motoren gebaut. Bei dem abgebildeten Modell handelt es sich um eines der ersten Vorserienmodelle in der Felderprobung. Foto: ECO Collection

Mitte 1965 löste der Caterpillar J621 das Modell J619 ab. Der hydraulisch bediente Schürfzug wurde von Johnson Manufacturing geliefert. Der Schlepper wurde von einem Cat D336 mit 300 PS angetrieben. Foto: Caterpillar

Model 944A war 1954 der erste Radlader des Unternehmens. Am Anfang wurde die Maschine entweder mit einem Cat-Diesel oder einem Benziner von Continental angeboten. Die Kapazität der Schaufel lag bei knapp 1,4 Kubikmetern. 1968 wurde die Produktion eingestellt. Foto: Caterpillar

Caterpillar weitete die Modellpalette 1966 durch den 633 aus, der auf dem 631B aufbaute und vom Sechszylinder-Diesel Cat D343 mit 400 PS bewegt wurde. Die Kapazität betrug beim 633 beachtliche 21,6 Kubikmeter. Der 633 war die ideale Maschine für kurze Strecken. Wurden die Entfernungen länger, litt das Gerät unter dem zusätzlichen Gewicht und dem erhöhten Widerstand. Doch unabhängig davon hatte das Unternehmen nun alle nur erdenklichen Konfigurationen im Angebot.

In den Spuren der großen Planiermaschinen rollte der vergleichsweise kleine 613 im Jahre 1963 auf den Markt, der für besonders knifflige Einsatzgebiete gedacht war. Dank seiner Größe konnte er auch als Fahrzeug auf der Straße bewegt werden, wovon vor allem Bauunternehmen mit mehreren Baustellen profitier-

1960 kamen mit 966A und 922A zwei weitere Radlader auf den Markt. Den 966A gab es nur mit einem Cat-Diesel. Mitte 1963 wurde der Lader überarbeitet und kam mit einem Gelenkrahmen auf den Markt. Foto: Caterpillar

Der Anfang 1963 vorgestellte 988 Traxcavator war der erste Lader mit Gelenkrahmen. Der 988 war zu seiner Zeit ein großes Gerät und wurde von einem Cat D343-Diesel angetrieben, der 300 PS leistete. Foto: ECO Collection

ten. Der kleine 613 wurde vom Achtzylinder-Diesel Cat 3160 mit 150 PS angetrieben und hatte eine Kapazität von 7,4 Kubikmetern.

Neue Produkte

Caterpillar baute sein Angebot in den sechziger Jahren mit der Einführung von zahlreichen Gummi bereiften Radladern und den ersten Muldenkippern aus. Dank dieser neuen Angebote konnten die Händler nun so gut wie alle Wünsche der Kundschaft erfüllen.

Der Traxcavator war 1959 der erste Gummi bereifte Radlader, dessen Prototyp (944) bereits Anfang 1956 vorgestellt worden war und noch vom Diesel D315 mit 100 PS angetrieben wurde. Der Motor wurde in der Serienversion vom Vierzylinder-Diesel Cat D330 mit 135 PS abgelöst. Daneben war auch noch ein vom Sechszylinder-Benziner B427 aus dem Hause Continental angetriebenes Modell bei den Caterpillar-Händlern erhältlich. In die Schaufel passten 1,3 Kubikmeter. Der 944 hatte einen starren Rahmen und verfügte über Heckantrieb.

Ein Jahr nach dem 944 ergänzten 922A und 966A die Modellpalette. Der 929A hatte den Cat D320-Diesel mit 80 PS unter der Haube. Die Benziner-Variante nutzte den M330 von Continental, der ebenfalls 80 PS

Das erste Exemplar des 992-Radladers wartet 1968 in der Fabrik in Aurora, Illinois, auf seinen Abtransport zu den Duval Mines in Twin Buttes, Arizona. Foto: ECO Collection

Der 992 hatte eine Ladekapazität von knapp sieben Kubikmetern. Ihre Kraft bezog die Maschine von einem Cat 348-Diesel, der 550 PS bereit stellte. Foto: Caterpillar

Kunden, die Wert auf einen großen Radlader legten, konnten das Modell 834 bestellen. Der 1963 vorgestellte Lader wurde von einem D343-Diesel mit 360 PS angetrieben. Daneben gab es noch den kleineren 824, der zur gleichen Zeit auf die Baustellen rollte. Foto: ECO Collection

leistete. Die Schaufel hatte eine Kapazität von 0,8 Kubikmetern. Der „große Bruder" 966A hatte eine 1,8 Kubikmeter große Schaufel. Als Antrieb diente der Sechszylinder-Diesel Cat D333 mit 140 PS. Für den großen Radlader gab es keine Benzineralternative.

Je mehr der Bedarf an Radladern wuchs, desto weiter wurde die Produktion in der Fabrik in Aurora, Illinois, ausgeweitet. Im Jahre 1968 entstand hier auch der erste Radlader aus der 988-Serie mit Gelenkrahmen. Der 988 wurde vom Sechszylinder-Diesel Cat D343 mit 300 PS angetrieben. In die Schaufel passten 3,3 Kubikmeter. Der 988 wurde in den folgenden Jahren ständig weiter verbessert, was sich 1968 auch in einer Leistungssteigerung auf 325 PS ausdrückte. Die Schaufel hatte nun Platz für vier Kubikmeter.

Caterpillar brachte in den sechziger Jahren weitere kleinere und mittlere Radlader wie den 922B (1962), 950 (1964), 980 (1966), 930 (1968) und den 920 (1969) auf den Markt, wobei der 922B als Einziger einen starren Rahmen besaß. Zusammen mit dem 944 verschwand das Modell 1968 aus dem Angebot.

Unter den in der damaligen Zeit auf den Markt gebrachten Modellen war der 992 ohne jeden Zweifel der größte und stärkste Radlader. Der Prototyp machte sein Debüt 1965 als 992X1 mit einem Achtzylinder-Diesel Cat D346 mit 500 PS. Die Schaufel hatte eine Kapazität von 5,7 Kubikmetern. Im Januar 1966 wurde der 992X1 an die Clarkson Construction Co., St.Louis, Missouri, ausgeliefert, um dort unter realen Baustellenbedingungen getestet zu werden. Nach einigen Monaten entstand im Dezember 1966 der zweite Prototyp 992X2, der den robusteren V12-Diesel Cat D348 mit 550 PS besaß. Dieses Aggregat trieb ab 1968 auch die Serienversion an. Der 992 hatte eine Schaufel mit einer Ladekapazität von 5,3 Kubikmetern. Der erste 992 ging im Oktober 1968 an die Duval Mines in Arizona.

Eng mit den Radladern verwandt waren die Gummi bereiften Dozer, die Caterpillar 1963 auf den Markt brachte. An der Spitze stand der 834 gefolgt vom Modell 824. Beide Dozer wurden vom Cat D343-Diesel angetrieben. Der 834 verfügte über 360, während der 824 auf 250 PS kam. Beide Varianten erfuhren während ihrer Bauzeit Leistungsschübe. 1966 leistete der 834 400 PS. Der kleinere Dozer wurde 1965 zum 824B mit 275 PS, aus denen 1969 dann 300 PS wurden. Beide Modelle gab es auch als Verdichter, die 1969 zu eigenständigen Baureihen aufgewertet wurden.

Athey Products Corp. aus Chicago baute eine große Auswahl von Anhängern für die ein- und zweiachsigen Caterpillar-Schlepper. Abgebildet ist ein DW21 Series C mit einem Athey PRB21-Kipper für Bauxit-Gestein. Die heiße Auspuffluft wird bei dieser Einheit über das Bauxitmaterial geleitet, um es später besser abladen zu können. Foto: Caterpillar

Dieser 1959 entstandene Prototyp ist der erste Vorläufer des späteren 769-Kippers. Zu den Eigenheiten des ersten Modells gehören die großen hinteren Reifen, eine Luft-Öl-Federung und eine Ladekapazität von 28 Tonnen. Foto: Larry Clark Collection

Im Januar 1952 begann der 768X3 mit einer teilweise aus Fiberglas gebauten Frontpartie seinen Testbetrieb. Nur ein Exemplar hatte diesen Kühlerschutz. Das Bild entstand im Oktober 1962. Foto: Caterpillar

In den sechziger Jahren kamen mit den 769 auch die ersten Lastwagen aus dem Hause Caterpillar zu den Kunden. Allerdings lag das Einsatzgebiet des Transporters außerhalb der Highways. Zuvor hatte es bereits Anhänger von Caterpillar gegeben, die von einem Schlepper gezogen wurden. Die Anhänger waren von Athey Products Corp., Chicago, Illinois, gebaut worden, stellten aber keinen echten Ersatz für einen „richtigen" Lastwagen dar.

Das 769-Programm war bereits im Mai 1956 gestartet worden. Damals begann das Unternehmen mit einer Untersuchung der bei den Kunden rollenden Lastwagen. Nachdem diese Studie abgeschlossen war, beschloss man den Bau eines ersten 28-Tonners. Der 769X1 wurde im Juli 1959 mit großen Einzelreifen im Heck gebaut. Kurz nachdem der erste Prototyp fertig gestellt war, entstand Modell Nummer zwei, der 769X2, bei dem man auf eine Federung der hinteren Räder verzichtete. Das sparte zwar Kosten, funktionierte aber nicht. Als nächster Prototyp wurde 769X3 im Januar 1962 fertig. Dieses Modell kam der Serienversion bereits sehr nahe. Die Ladekapazität war nun, den Modellen der Konkurrenz entsprechend, auf 35

Der Prototyp 769X4 war schließlich die Version, die im Januar 1964 in Serie gebaut wurde. Das Bild entstand während einer Testpause im November 1962. Der 35-Tonner 769 wurde von einem Cat D343 mit 375 PS angetrieben. Foto: Caterpillar

Tonnen ausgeweitet worden. Der im November 1962 produzierte 769X4 schließlich entsprach der später gebauten Serie. Die Produktion kam dann im Januar 1963 in der Fabrik in Decatur in Gang. Als Antriebsaggregat diente der Sechszylinder-Diesel Cat D343 mit 375 PS. Zu den technischen Besonderheiten zählte die unabhängige pneumatische Ölfederung und die Ölkühlung der Scheibenbremsen an den hinteren Antriebsrädern. In den ersten Monaten machte der 769 seinen Besitzern nicht immer Freude. Doch damit hatten die Caterpillar-Techniker gerechnet. Schließlich hatten sie nicht wie die Konkurrenz über lange Jahrzehnte Erfahrungen sammeln können, sondern mussten eine komplette Neuentwicklung wagen. Doch Caterpillar dachte langfristig und stand hinter jedem verkauften 769, bis auch das letzte Problem zur Zufriedenheit der Kundschaft gelöst war. Im Laufe der Jahre wurde der Laster zudem weiter entwickelt. So wurde 1964 die Leistung auf 400 PS angehoben. Ende 1966 wurde aus dem 769 der 769B. Zu den wichtigen Änderungen zählte eine überarbeite-

Der wenig erfolgreiche 85-Tonner 779 mit Diesel-Elektroantrieb steht im Februar 1968 neben einem mechanisch angetriebenen 769B. Die inneren hinteren Reifen wurden erst nach dem Transport zum Kunden montiert. Foto: ECO Collection

Bei derartigen Bedingungen kann sich nur ein Raupenschlepper durchsetzen, und das wirkt mit einem D7E zudem geradezu einfach. Dank des 160 PS starken Cat D339-Diesel konnte die Maschine so schnell nichts erschüttern. Foto: Caterpillar

Was ist besser als ein Caterpillar D8H? Natürlich zwei Exemplare des starken Modells, das von einem aufgeladenen Cat D342-Diesel mit 235 PS angetrieben wird. 1965 wurde die Leistung auf 270 PS angehoben. Foto: Caterpillar

te Ladefläche, um so die Verschmutzung der Transportwege zu verhindern. Das ermöglichte außerdem den Einsatz größerer Reifen. Die Leistung stieg gleichzeitig geringfügig auf 415 PS, und 1970 wurde die Lademulde ein weiteres Mal verändert.

Um das Jahr 1961 herum begannen die Caterpillar-Ingenieure an einen wesentlich größeren Laster zu denken, der im Tagebau eingesetzt werden sollte. Der 769 war in erster Linie für den Einsatz auf Baustellen und Steinbrüchen entwickelt worden. Um das Projekt voran zu treiben, holte man Ralph H. Kress, den ehemaligen Chef der Lastwagenentwicklung bei LeTourneau-Westinghouse, ins

Für die wirklich großen Aufgaben war der Caterpillar D9G so gut wie unschlagbar, was die mächtige Maschine weltberühmt machte. Die Kraft kam von einem aufgeladenen D353-Diesel mit 385 PS. Foto: Caterpillar

Der D9G ließ sich auch hervorragend als Zugmaschine für Schürfgeräte wie diesen 463F einsetzen. Foto: ECO

Haus und machte ihn zum Chef der Entwicklungsabteilung Lastwagen bei Caterpillar Tractor. Kress hatte zuvor 1962 den Trendsetter Haulpack entworfen. Nach einigen Marktstudien entschied man sich, einen Laster mit Diesel-Elektroantrieb für 75 Tonnen Ladekapazität zu entwickeln. Daraus wurde später der 779. Neben dem 779 wurden auch die Modelle 783 und 786 entwickelt und gebaut. Der 779 wurde vom V12-Diesel Cat D348 angetrieben, der dank doppeltem Turbolader und Ladeluftkühlung 960 PS leistete. Der Antriebsstrang stammte von Caterpillar. Dabei wurden die Hinterräder über Elektromotoren zusätzlich angetrieben. Als Federung nutzte man eine Weiterentwicklung der bereits im 769 benutzten pneumatischen Ölfederung. Auch die Ölkühlung der nun vier Scheibenbremsen übernahm man aus dem kleineren Laster.

Mitte 1965 ging der erste Prototyp in die praktische Erprobung bei der Cleveland Cliffs Iron Company Mine in der Nähe von Marquette, Michigan. Im Oktober 1966 schließlich schaltete die Produktionsampel in Decatur auf grün. Schon bald allerdings zeigte der Rahmen des Lasters zahlreiche Risse. Das Chassis war aus hochfestem Stahl hergestellt, der zwar stark und leicht ist, sich aber nur schwer schweißen lässt. Vor allem im Tagebau und bei kaltem Wetter war es so gut wie unmöglich, die angegriffenen Rahmen zu reparieren. Beim 769 kam Stahl zum Einsatz, der zwar schwerer, dafür aber

Der erste Rohrleger, der auf dem D9 aufbaute, war das Modell 594, das 1954 auf den Markt kam. Die Maschine konnte gut 90.000 Pfund heben. Die Gegengewichte wurden hydraulisch gesteuert. 1974 wurde aus dem 594 der 594H. 1982 wurde die Produktion eingestellt. Foto: Caterpillar

um einiges einfacher zu schweißen war. Nach einigen Veränderungen am Rahmen stand der 779 im Juli 1967 dem Handel zur Verfügung. Zu jenem Zeitpunkt wurde die Kapazität noch mit 75 Tonnen angegeben, was sich 1968 auf 85 Tonnen steigerte.

Doch der 779 blieb das Sorgenkind des Unternehmens, wobei vor allem der Rahmen, der Elektroantrieb und die Federung immer wieder versagten. Um den Laster den Anforderungen anzupassen, wuchs das Gewicht bis 1968 um zehn Tonnen, was die Situation aber nicht änderte, so dass Caterpillar schließlich den 779 aus dem Programm nahm. Gleichzeitig wurden alle anderen Modelle mit Diesel-Elektroantrieb gestrichen. Im Mai 1969 wurde der letzte von 41 gebauten 779 (ohne Prototypen) ausgeliefert. Um alle Gewährleistungsansprüche auszuschließen, kaufte das Unternehmen Ende 1969 alle Exemplare zurück und demontierte sie, so dass heute kein Exemplar mehr existiert. Dennoch hatten die Ingenieure des Hauses genügend Erfahrung für die zukünftigen Tagebaulaster gewonnen. Als nächstes Modell dieser Klasse folgte 1973 der 75-Tonner 773.

Die Standardmodelle

In den sechziger Jahren kamen weitere Raupenschlepper in den Traxcavator-Baureihen und Planierer auf den Markt. Zusammen mit den neuen Produktlinien war Caterpillar die unumstrittene Nummer eins auf dem Markt für Erdbewegungsmaschinen geworden.

Der Kettenlader 983 war der Größte seiner Art, den das Unternehmen jemals gebaut hat. Die 1969 vorgestellte Maschine wurde von einem D343-Diesel mit 275 PS angetrieben und hatte eine Ladekapazität von drei Kubikmetern. Ende 1978 wurde das Modell vom 983B abgelöst.
Foto: Caterpillar

Bei den Raupenschleppern wurde das gesamte Programm überarbeitet und neu positioniert. Alle Modelle verfügten über mehr Leistung und größere Kapazitäten. Am unteren Ende brachte das Unternehmen Ende 1959 den D4C zu den Händlern, der 1963 durch den D4D abgelöst wurde. 1959 kam der verbesserte D6B, der 1967 von der wieder beliebten Baureihe D5 abgelöst wurde. Bereits während der Bauzeit des D6B brachte Caterpillar 1963 den D6C auf den Markt, der bis 1976 im Programm blieb.

Die größeren D7-Modelle wurden 1959 zur Baureihe D7D. Zum ersten Mal stand nun ein aufgeladener Motor zur Verfügung. Der Cat D339 leistete 140 PS. Der Schlepper wurde aber schon 1961 durch den D7E abgelöst, dessen Motor nun 160 PS entwickelte, die 1965 noch einmal auf 180 PS gesteigert wurden. Ende 1969 kam der D7F, dessen D333-Diesel nun ebenfalls 180 PS leistete.

Ende 1958 stand der D8H bei den Händlern, den es in drei Varianten gab: als 36A mit Direktantrieb (1958), den 35 A mit Drehmomentwandler (1959) und mit Automatik als 46A (1959). Der kräftige D8H verfügte über den Cat D342-Diesel mit 235 PS, was Ende 1965 auf 270 PS gesteigert wurde. Der D8H war ein echtes Arbeitstier und blieb bis zu seiner Ablösung durch den D8K mit 300 PS im Programm.

An der Spitze der Modellpalette stand der mächtige D9G, der 1961 in den Handel kam. Dieser Schlepper gilt als der großartigste jemals gebaute Raupenschlepper. Seine Kombination aus Leistung, Gewicht und Zuverlässigkeit war unschlagbar. Obwohl es andere und stärkere Schlepper von anderen Unternehmen – wie den Euclid TC-12/Terex 82-80 und den HD-41 von Allis-Chalmers – gab, so hatten sie gegen den großen Cat doch keine Chance. Der D9G besaß ein abermals verstärktes Fahrgestell und verfügte über 375 PS, die vom Cat D535 geliefert wurden und über eine Automatik an die Raupen gegeben wurden. Der D9G wurde bis zu seiner Ablösung durch den D9H mit 410 PS im Jahre 1974 gebaut.

In den sechziger Jahren kamen auch zahlreiche neue Traxcavator-Modelle auf den Markt: 933F (1958), 933G (1965), 941 (1968), der in Großbritannien gebaute 951A (1964), 951B (1967) und der 955H im Jahre 1960, aus dem 1966 der 955K wurde. Für gehobene Ansprüche hatte Caterpillar den 1958 vorgestellten 977E im Programm. Er wurde 1960 durch den 977K abgelöst. Dieses Modell wurde bis 1971 gebaut und dann durch den 977L abgelöst.

Der größte von Caterpillar gebaute Frontlader war der 1969 präsentierte 983, der von dem beliebten Cat D343-Diesel mit 275 PS angetrieben wurde. Der große Traxcavator hatte eine Kapazität von 3,2 Kubikmetern. Der 983 war bei der Kundschaft sehr beliebt und konnte mit vielen verschiedenen Schaufeln geordert werden. 1983 schließlich wurde er von der modifizierten B-Variante abgelöst.

Der 1961 vorgestellte Grader No. 14D war in der Abteilung Leistung das Spitzengerät des Unternehmens. Ein D333-Diesel lieferte 150 PS. Anfang 1963 wurde die Maschine von No. 16 mit 225 PS übertroffen. Foto: Caterpillar

Die zweitälteste Modellpalette bei Caterpillar waren die Planierraupen, die in den sechziger Jahren ebenfalls ständig weiter entwickelt wurden. Das Unternehmen bot in diesem Segment für jede Nische das passende Modell an.

Aus der populären Planierraupe No. 12 wurde 1959 No. 12E, der 1965 No. 12F folgte. Beide Maschinen leisteten 115 PS. 1959 kam No. 112E mit 85 PS, aus denen ein Jahr später bei No. 112 F und No. 112E 100 PS wurden.

Unternehmer, die nach etwas mehr Leistung verlangten, konnten 1964 No. 120 mit 115 PS ordern. 1967 wurde die Leistung auf 125 PS angehoben. Wer noch mehr Power suchte, wurde 1961 bei No. 14D fündig. Mit 150 PS war der Schlepper auch herausfordernden Arbeiten gewachsen. Zu den später gebauten Modellen gehört auch No. 14E im Jahre 1965.

Doch für die wirklich großen Arbeiten gab es nur eine Maschine, und das war die Planierraupe No.16, die 1965 auf den Markt kam, und damals das stärkste derartige Gerät des Unternehmens war. No. 16 wurde von dem zuverlässigen Cat D343-Diesel mit 225 PS angetrieben. Kunden konnten ein gut fünf Meter breites Schild bestellen. Zum ersten Mal konnte das Schild über eine Hydraulik bedient werden. Bis dahin stand den Chauffeuren nur eine mechanische Bedienung zur Verfügung. Zusammen mit der Automatik war No. 16 die ideale Maschine für große Autobahn-Baustellen und den Einsatz im Tagebau. Caterpillar vergrößerte 1973 die Anziehungskraft der Maschine durch eine Leistungssteigerung auf 250 PS, was aus No. 16 die No. 16G machte. Nun war das gut fünf Meter lange Streichblech auch Bestandteil der Serie.

CATERPILLAR
CAT
D9G

6

HILFE VON DER WESTKÜSTE

Die Verbindung von Caterpillar und Peterson

Innovationen auf dem Gebiet der Erdbewegungsmaschinen waren schon immer ein Markenzeichen von Caterpillar. Doch einige Entwicklungen entstanden erst dank der langjährigen Zusammenarbeit mit einem der bedeutendsten kalifornischen Händler, der Peterson Tractor Company.

Peterson Tractor & Equipment Co. wurde 1936 von Howard Peterson in San Francisco gegründet. Der Firmengründer war damals zwar gerade erst 30 Jahre alt, hatte aber während seiner Zeit beim Pionier auf diesem Feld, Robert Gilmour LeTourneau, Gefallen an der Branche gefunden. Die Verbindung zwischen den beiden Männern nahm familiäre Züge an, als R. G. LeTourneau Howards Schwester Evelyn 1917 heiratete. Nach seinem Schulabschluss in den zwanziger Jahren begann Howard für seinen Schwager zu arbeiten, ging aber, nachdem er 1936 seine LeTourneau-Aktien verkauft hatte, nach San Francisco, um dort eine Caterpillar-Niederlassung zu übernehmen. Zwischen den beiden gab es dennoch keine Probleme, weil Caterpillar damals auch die Produkte von LeTourneau im Lieferprogramm hatte.

1943 trat Howards jüngerer Bruder Robert A. Peterson, genannt „Buster", in das Unternehmen ein. Fünf Jahre später wurde er Gesellschafter. Bevor er bei seinem Bruder anfing, hatte er für LeTourneau gearbeitet. Er verfügte über sehr gute technische Fähigkeiten, die er sich freilich selbst angeeignet hatte, weil ihm zum Studium der entsprechende Schulabschluss fehlte. Bald entwickelte er dank seines ausgeprägten Talents beachtliche Lösungen für Caterpillar-Maschinen.

Zwei Cat D353-Diesel, vier angetriebene Ketten und die Power von 770 PS waren auf den Baustellen eine unschlagbare Kombination. Buster Peterson hatte den Quad Trac D9G entwickelt. Nachdem er sein Patent verkauft hatte, baute Caterpillar 1968 den DD9G nach den Ideen des kalifornischen Tüftlers. Foto: ECO Collection

Dieser Twin Cat D8-Schlepper war Ende 1950 das dritte und letzte Exemplar aus Petersons Fabrik. Das Modell mit hoher Bodenfreiheit war ein Einzelstück, das an die texanische King Ranch verkauft wurde. Foto: Peterson

1948 schließlich zog Peterson Tractor in die größeren und modernen Anlagen in San Leandro, Kalifornien. Buster leitete nun die neue Abteilung Special Equipment Services, in der Lösungen aller Art für die Kundschaft gesucht und gefunden wurden. Das Motto der Abteilung war so einfach wie einleuchtend: „Was für die Kunden gut ist, nutzt auch der Firma."

Viele der Lösungen fand Buster beim Beobachten der Arbeiten auf den Baustellen. Bei anderen Projekten reagierte man auf Nachfragen von Kunden, die nach speziellen Geräten verlangten, um außergewöhnliche Aufgaben zu bewältigen. Und dann war da noch das Unternehmen Caterpillar, dessen Ingenieure sich häufig an den Autodidakt wandten, um ihre Konzepte schnell verwirklicht zu sehen. Brauchte das Unternehmen mitunter Monate für bestimmte Entwicklungen, so benötigte Buster Peterson zumeist nur einige Wochen. Die Verbindung zwischen den beiden Entwicklungsabteilungen war so eng, dass man sich gegenseitig

Zu den bekanntesten Entwicklungen von Buster Peterson gehört der Quad-Trac-Caterpillar. Die erste Einheit, die im Januar 1964 ihre Runden dreht, wird vom Erfinder selbst gesteuert und demonstriert die große Mobilität der großen Maschine. Foto: Peterson

Die Quad-Trac-Schlepper von Peterson wurden zumeist als Push-Dozer für Grader eingesetzt. Doch einige, wie dieses Exemplar, wurden auch bei Aufreiß-Arbeiten benutzt. Foto: ECO Collection

die Protokolle zukommen ließ. So konnte man die Erkenntnisse nahtlos austauschen.

Eines der ersten erfolgreichen Ausrüstungsstücke war das so genannte „U Dozer"-Schild, das die Elemente eines geraden und angewinkelten Schildes miteinander verband. Dank dieser Lösung konnte eine größere Materialmenge transportiert und kontrolliert werden. Im Oktober 1949 wurde Busters Erfindung patentiert. Caterpillar war so beeindruckt, dass man die Patentrechte kaufte und die Entwicklung ins Lieferprogramm übernahm. Es war das erste von 34 Patenten, die zwischen 1949 und 1973 von Cat erworben wurden. Viele Erfindungen wurden übernommen, doch es gab zugleich auch Lösungen, die aus den unterschiedlichsten Gründen nie richtig funktionierten. Dennoch beeinflusste Buster Peterson wie kein anderer Außenstehender in den fünfziger und sechziger Jahren die technische Entwicklung von Caterpillar.

Die speziellen Entwicklungen, die während dieser Jahre entstanden, waren außerordentlich vielfältig. Dazu gehörten zum Beispiel der für das Army Corps of Engineers 1953 und 1954 gebaute Sno Cat D7-Schlepper. Außerdem kamen von Peterson der Cat D8-Rohrleger Demolition Clam Bucket, die Baggerschaufel Cat 988 sowie imposante 15-, 17- und 28-Tonnen-Aufreißmaschinen, sowie 56-Tonnen-Walzen und zahlreiche Ausrüstungen für Schlepper, wie Kabelleger und Grabmaschinen für Telegrafenmasten. Einige technische Lösungen, vor allem die Planierpflüge und Mehrfachschlepper entwickelten eine Eigenständigkeit, die sowohl von den Kunden als auch von Caterpillar höchstes Lob bekamen.

Twin D8

Buster Petersons erste technische Eigenentwicklung, mit der er in der Branche Aufsehen erregte, war der Twin D8. Die Maschine bestand aus zwei miteinander verbundenen Caterpillar D8-Schleppern, die so zu einer Einheit verschmolzen. Im Gegensatz zu den nebeneinander laufenden D9-Dozern der sechziger Jahre verloren die beiden Schlepper ihre inneren Raupen und wurden von einem Kommandostand auf der rechten Seite der beeindruckenden Maschine bedient. Für Straßentransporte ließen sich die „siamesischen Zwillinge" wieder leicht trennen. Buster Peterson hatte seine Entwicklung zunächst mit zwei Schleppern aus dem Hause Allis-Chalmers auf ihre Machbarkeit getestet. Diese ersten Tests zeigten, dass man auf der richtigen Fährte war und so begann man 1948 mit dem Umbau des D8. Mit 288 PS war der Schlepper in den vierziger Jahren ein echtes Kraftpaket.

Der erste Twin D8 hatte einen Planierpflug mit einer Kapazität von 17,5 Kubikmetern, der Ende 1948 beim Bau des Hungry-Horse-Staudamms in Montana mit einem gut sieben Meter breiten Schild einen ersten Härtetest hinter sich brachte. Nichts konnte die neuartige Maschine stoppen.

Peterson baute noch zwei weitere Twin Dozer. 1950 ging ein Exemplar (bestehend aus den Schleppern 2U-9800 und 2U-10438) an das große Tiefbauunternehmen Morrison-Knudson Farmington, das mit einer Zugstange von Euclid ausgerüstet war. Das andere, 1950 gebaute Exemplar (bestehend aus den Schleppern 2U-12911 und 2U-12912) wurde Ende 1950 an die

Bei der Entwicklung des Doppel-Dozers SxS DG9 arbeiteten Peterson und Caterpillar zusammen. Das Unternehmen hatte den Tüftler Ende 1964 mit dem Bau der Einheit beauftragt. Nachdem 1966 der erste Prototyp fertig gestellt war, übernahm die Caterpillar-Entwicklungsabteilung die weitere Arbeit. Das Foto zeigt den ersten Prototyp in San Leandro, Kalifornien. Foto: Caterpillar

Holt Company in San Antonio, Texas, geliefert und auf der King Ranch eingesetzt. Der Twin D8 mit einer besonders hohen Bodenfreiheit war mit einem rund fünf Meter breiten Holt Funnel Dozer und einem Pflug von Holt ausgestattet. Der 52-Tonner konnte bis 13 Meter hohe Bäume problemlos aus dem Weg räumen und selbst massive Baumstümpfe entwurzeln.

Obwohl Buster Peterson noch zahlreiche andere Variationen und Modifikationen gelangen, mit denen er den D8 den Wünschen seiner Kunden anpasste, war der Twin D8 die berühmteste und bekannteste seiner Entwicklungen. Am 18. Januar 1951 beantragte Peterson ein Patent für einen Schlepper mit doppeltem Motor. Das Patent wurde am 11. Mai 1954 erteilt.

Quad-Trac D9G

Ende der fünfziger und Anfang der sechziger Jahre entwickelten und produzierten die Hersteller immer größere Schürfzüge, von denen einige auch über zwei

Die große Maschine wurde 1969 noch getestet. Dank der knapp acht Meter breiten Schaufel war sie optimal für besonders große Erdarbeiten geeignet. Mit 770 PS verfügte der SxS D9G über ausreichend Power für die wirklich großen Aufgaben. Foto: Caterpillar

Antriebseinheiten verfügten. Im Interesse einer entsprechenden Arbeitsleistung wurden zumeist zwei Dozer benötigt, um die großen Einheiten bedienen zu können. Bei den größten dieser Maschinen wurden nicht selten zwei Cat D9-Schlepper benötigt, um sie zu bedienen. Man brauchte erfahrene Männer, um die beiden Dozer zu koordinieren, doch stets ging dabei viel Zeit verloren. Peterson erkannte das Problem und überlegte, wie die beiden Dozer miteinander verbunden werden konnten, um die Kapazitäten besser nutzen zu können. Und nun kam der Quad-Trac.

Buster Peterson begann Ende der fünfziger Jahre, mit zwei Cat-Schleppern zu experimentieren, die über eine Kupplung miteinander verbunden waren. Doch auch diese Entwicklung benötigte noch zwei Männer, um die Schlepper zu dirigieren. Er suchte nach einer anderen Lösung, die von einem Chauffeur bedient werden konnte.

In dieser Epoche brachte Caterpillar immer größere Schürfzüge wie die 650, 651, 657 und 666 auf den Markt, die von der Kundschaft mit Begeisterung aufgenommen wurden. Um sie zu beladen, wurden kraftvolle Schlepper benötigt, und daher erfreute sich der mächtige Cat D9 großer Beliebtheit. Peterson konzen-

Peterson überarbeitete in den fünfziger Jahren auch einige Planiergeräte von Caterpillar wie diese Kombination aus Schlepper DW20G und einem Grader No. 482, die nach seiner Behandlung über eine wesentlich größere Ladekapazität verfügte. Die Cat/Peterson-Einheit kam als 482-P in den Handel. Foto: Peterson

Als Mitte 1974 der Caterpillar D9G zum D9H aufgewertet wurde, kamen auch die Doppelschlepper in den Genuss der Verbesserungen. Der SxS D9H hatte nun 820 PS zur Verfügung und war so bis zur Markteinführung des D11R CD Carrydozer mit seinen 850 PS die stärkste Schlepper-Einheit des Unternehmens. 1977 endete die Produktion des SxS D9H mit der Ankündigung des mächtigen D10. Foto: ECO

Buster Petersons erster doppelter Schürfzug mit seinem neuartigen Kontrollsystem war der Tandem Caterpillar 657, der im Oktober in San Leandro getestet wurde. Foto: Peterson

trierte sich bei der Entwicklung seines Quad Trac auf dieses Modell.

Der erste Prototyp des Quad-Trac D9G lief Ende 1963. Zwei D9G-Schlepper wurden von einem Mann kontrolliert, der auf einem um 45 Grad gedrehten Sitz saß, und so den angekuppelten hinteren D9G problemlos kontrollieren konnte. Das Schild war ebenfalls von Buster Peterson zusammen mit dem Chefingenieur der Firma, Fred Stevens, entwickelt worden. Das Patent dafür wurde 1972 erteilt und von Caterpillar erworben. Mit seinen 770 PS war der Quad-Trac so gut wie unschlagbar. Mussten die Männer bisher Schicht für Schicht planieren, so konnte man dies nun von Beginn an mit voller Kraft tun, was einen großen Zeitgewinn bedeutete. Nach einem erfolgreichen Test beim Staudammbau im kalifornischen Orinda Ende 1963 und Anfang 1964 bewährte sich der Quad-Trac D9G, so dass man 1964 das erste Serienexemplar an S. J. Groves in West Virginia verkaufen konnte.

Caterpillar war von der Maschine beeindruckt und nahm sie 1964 in das Lieferprogramm auf, überließ aber Peterson die Produktion. Das Unternehmen stellte zwischen Ende 1963 und Anfang 1967 zehn Exemplare her. Die Maschinen 9-9-103 und 9-9-107 wurden zunächst von der Caterpillar-Entwicklungsabteilung gekauft, gingen dann aber wieder an Peterson zurück und danach

Nachdem die Tests mit der Tandem-Einheit erfolgreich waren, wagte sich Peterson an eine Dreifach-Kombination, die im Februar 1965 auf der Baustelle des San-Luis-Kanals eintraf. In einem Zug konnte die gigantische Maschine 103 Kubikmeter bewegen. Foto: ECO Collection

an Kunden. Daneben wurden auch noch einige (die genaue Zahl ist nicht bekannt) Umbausätze abgesetzt.

Buster Peterson sicherte sich im August 1966 die Patentrechte für seine Erfindung, die er aber bald darauf an Caterpillar verkaufte. 1968 brachte Caterpillar die Entwicklung als D9G auf den Markt und veränderte zugleich die Seriennummern für die Einheiten. 90J stand nun für den vorderen und 91J für den hinteren Schlepper. Alle von Peterson produzierten Maschinen nutzten den D9G (66A).

Dozer paarweise

Caterpillar war vom Design des Quad-Trac so beeindruckt, dass die Techniker des Unternehmens, als man daran dachte, zwei Schlepper nebeneinander laufen zu lassen, Ende 1964 vertrauensvoll bei Peterson um Unterstützung baten, um die Entwicklung voran zu treiben. Der Hochleistungs-Dozer sollte aus zwei D9G bestehen. Nachdem ein erstes Modell, bestehend aus zwei Spielzeug-Schleppern, Gefallen gefunden hatte, ging Peterson an die Verwirklichung der Maschine und baute einen ersten funktionierenden Prototyp, der Ende 1966 den Testbetrieb aufnehmen konnte. Die Einheit besaß jeweils einen Hydraulikzylinder, der, vor dem Motor montiert, die Schaufel kontrollieren sollte. Caterpillar war mit dem Ergebnis zufrieden, und übernahm 1967 das Projekt, das noch einige Feinarbeit benötigte.

Ende 1969 war die Entwicklung abgeschlossen, und Caterpillar brachte den SxS D9G (29N links/30N rechts) auf den Markt. Bei diesem Produkt stand alleine die große Leistung im Vordergrund, was dank der acht Meter breiten Schaufel vor allem im Tagebau genutzt wurde. Die Zwillingsmaschinen spielten aber auch beim Planieren neuer Straßen eine bedeutende Rolle. Um die große Schaufel bewegen zu können, war viel Kraft vonnöten, die von den beiden Cat D353-Dieselaggregaten geliefert wurde. So standen 770 PS zur Verfügung. Die beiden Maschinen waren vorne durch die Schaufel sowie durch stabile Verbindungsstangen miteinander verbunden. Die Kontrolle erfolgte über eine Hydraulik, die von der linken Einheit aus bedient wurde.

Mit der Ablösung des D9G durch den D9H im Jahre 1974 wurde die neue Maschine auch für die Zwillings-Dozer übernommen. Der SxS D9H (99V links/12U rechts) leistete mit 820 PS mehr als sein Vorgänger. Alle anderen Konstruktionsmerkmale wurden aber vom schwächeren Aggregat übernommen. Sollte es das Gelände verlangen, konnten die beiden Maschinen auch getrennt als Einzelgeräte eingesetzt werden. Bis zum Ende der Bauzeit im Jahr 1977 entstanden gerade 13 Exemplare. Vom Vorgänger waren elf Exemplare an die Kundschaft ausgeliefert worden. Dazu kommt dann noch der eine Prototyp, den Peterson gebaut hatte.

Der Triple 657 war gut 60 Meter lang und erinnerte an ein Hollywood-Ungeheuer, das sich auf die Baustellen gewagt hatte. Die sechs Cat-Diesel mobilisierten zusammen 2580 PS, was die Einheit zum stärksten Caterpillar-Schürfzug aller Zeiten machte. Foto: Peterson

Buster Peterson bekam das Patent für die Doppelschlepper im Mai 1972. Wie beim Quad-Trac übernahm Caterpillar alle Rechte an der Erfindung.

Tandem- und Dreifach-657-Schürfzüge

Mitte der sechziger Jahre stand Kalifornien ganz im Zeichen von gigantischen Erdbewegungen. Zu den größten Baustellen gehörte der San-Luis-Kanal, an dem die größten Unternehmen der damaligen Zeit beteiligt waren. So benutzte die Guy F. Atkinson Co. Tandem- und Dreifach-Schürfzüge von LeTourneau, während die Western Contracting Corporation an einer anderen Stelle der riesigen Baustelle ähnliche Geräte von Euclid einsetzte. Die Botschaft war deutlich: Wollten Caterpillar und Buster Peterson nicht Marktanteile verlieren, so musste man sehr schnell reagieren. Buster Peterson machte sich 1964 an die Arbeit und begann mit der Entwicklung des Tandem-Schürfzugs 657, der aus zwei verbundenen Cat 657 bestand, die von einem Mann auf der vorderen Maschine bedient werden konnten. Im Oktober 1964 wurden die ersten Prototypen in Castro Valley getestet, und nachdem die dort entdeckten Defizite ausgeräumt waren, begann Peterson mit der Entwicklung eines noch größeren Planierers, des Triple 657.

Dabei handelte es sich um eine Tandem-Lösung mit einer dritten Maschine. Doch wegen der Länge saß der Chauffeur nun in einer hoch gesetzten Kabine, um so den gigantischen Schürfzug besser überblicken zu können. Immerhin maß die Einheit nun gut 60 Meter. Allerdings durften nur die erfahrensten Männer die Maschine bedienen, die über 2580 PS und eine Ladekapazität von 114 Kubikmetern verfügte.

Im Februar 1965 lieferte Peterson einen Triple- und zwei Tandem-657 an das Unternehmen Peter Kiewit, das am dritten Abschnitt des Kanals zwischen Coalinga und Mendora arbeitete. Hier bewegten sie in den kommenden 21 Monaten insgesamt 16 Millionen Kubikmeter. Nachdem die Arbeiten abgeschlossen waren, entschloss sich Kiewit, den Triple und einen weiteren 657 zu kaufen.

Der Triple 657 wurde von einem Hochstand kontrolliert, auf dem nur die besten und besonders erfahrenen Männer eingesetzt wurden.
Foto: Peterson

Peterson konnte die so gewonnenen Erfahrungen gut nutzen, als Caterpillar ihn bat, ein System zu entwickeln, um Push-Pull-Planierer für den Tandem-Einsatz bauen zu können. Das Konzept war von der Caterpillar-Handelsorganisation in Joliet, Illinois, erdacht worden. Doch um die Gedanken in Eisen umzusetzen, benötigte man das Wissen von Peterson, dem dann eine ebenso einfache wie wirkungsvolle Lösung gelang. Die hintere Einheit drückte die Fronteinheit beim Laden, und wenn die gefüllt war, zog sie den hinteren Planierer, während der den Boden aufnahm. Um die beiden Einheiten zu trennen, musste man lediglich den die beiden Maschinen verbindenden Bügel anheben. Caterpillar übernahm das System 1968 für den 657 und später für die Serien 627 und 637.

Eine ganz besondere Peterson-Maschine

Zu den ehrgeizigsten und zugleich kompliziertesten Entwicklungen von Peterson zählt zweifellos der Hoeing Apron Scraper. Der selbst ladende Schürfzug benutzte einen Tandem 657, der eine dritte Maschine alleine für die hydraulischen Funktionen benötigte. Bei den ersten Tests im Jahre 1967 bewies die Maschine ihre Kraft, indem sie sogar Felsbrocken mit einem Durchmesser von anderthalb Metern „verdauen" konnte, was bis dahin unvorstellbar gewesen war. Mit seinem riesigen Schleppschaufelbagger nahm das Gerät seine Ladung auf und transportierte sie gleichzeitig in den Laderaum. Mit einer Kapazität von 46

Buster Petersons vielleicht ehrgeizigste Entwicklung war der Peterson Caterpillar Hoeing Apron Caterpillar 657. Die Arbeit an dem Giganten begann 1967. Drei Motoren trieben die Maschine an: ein Achtzylinder-Diesel D346 vorne und zwei Sechszylinder D343 im Heck. Zusammen ergab dies 1300 PS. Am Ende jedoch waren die Produktionskosten so hoch, dass sich Caterpillar gegen eine Serie entschied.
Foto: ECO Collection

Kubikmetern übertraf er den 657 um gut zwölf Kubikmeter.

Doch der Hoeing Apron hatte einen großen Nachteil, und das war seine Komplexität. Die Maschine war so kompliziert, dass nur die erfahrensten Männer sie bedienen konnten. Die Hauptkontrolle erfolgte über einen Joystick mit 20 Mikroschaltern. Obwohl das Gerät seine Qualitäten hatte, wählte Caterpillar schließlich doch das Push-Pull-Design. Schließlich kam wegen der komplizierten Technik keine Massenproduktion in Frage. Alleine der Gedanke an den Service auf den Baustellen stellte für das Management einen echten Albtraum dar. Das Patent wurde im Dezember 1972 erteilt und wie so oft von Caterpillar erworben.

Twin-631B Tamper

Der Twin-631B Tamper ist ein weiteres Beispiel dafür, wie Buster Peterson auf die besonderen Bedürfnisse eines Kunden reagieren konnte. Die Maschine wurde für das Unternehmen Atkinson entwickelt, das in Kalifornien am Bau des Briones-Staudammes beteiligt war und eine Gerätschaft benötigte, um den dort besonders hartnäckigen Untergrund zu bearbeiten. Für die Aufgabe wählte Peterson zwei einachsige 631B-Schlepper, denen er die Schaufeln nahm und sie miteinander verband. Die Reifen wurden gegen Verdichter-Räder vom Typ Hyster C400 B ausgetauscht, die 102 Verdichter per Trommel aufwiesen. Die Leistung lag bei 720 PS. Der Lenker saß auf dem Heck des 631B-Schleppers, der nun zur Front geworden war. Bei seiner ersten Inbetriebnahme 1963 wirkte die Maschine, als würde sie rückwärts fahren, obwohl sie sich natürlich nach vorne bewegte. Caterpillars Entwicklungsabteilung war an der Maschine interessiert und spielte mit dem Gedanken, sie als „Superpusher" für Planierer einzusetzen, tauschte die Verdichtungsrollen gegen Räder aus, testete und entschloss sich dann doch gegen die Maschine, als Quad-Trac D9G auf den Markt kam.

Im März 1966 rollte eine Weiterentwicklung des Verdichters auf die Baustelle am Oroville-Damm. Im Gegensatz zum Vorgängermodell wurde die Maschine von der Frontpartie des 631B-Schleppers bedient. Die Entwicklung wurde ausschließlich zur Bodenverdichtung benutzt und schlug dabei alle anderen auf der Baustelle eingesetzten Maschinen.

Reifenschutz

Gegen Ende der sechziger Jahre beschäftigte sich Petersons Entwicklungsabteilung mit einem neuen Schutz für die Reifen, das man „Cushioned Air-Attack" nannte, mit dem die Techniker die Reifen in felsigem Gebiet schützen wollten. Die Entwicklung bestand aus speziellen Ketten, die über den Reifen gespannt wurden und sie so vor Defekten bewahren sollten. Obwohl eine ähnliche Lösung einige Jahre zuvor bereits beim Planierer No. 12 versucht wurde, hatte man sie nie auf besonders felsigem Untergrund eingesetzt.

Peterson experimentierte mit einem Cat 950 Radlader, dessen Reifen mit den Stahlketten geschützt wurden. Die ersten Tests verliefen erfolgreich, so dass Caterpillar an dem Projekt Interesse fand und sich intensiver engagierte. Das im August 1971 erteilte Patent wurde, wie gewohnt, von Caterpillar übernommen.

Caterpillars Version nannte sich „Dystred Cushion Track" und bestand aus einem eigens entwickelten Radsystem. Dabei wurden die Ketten in einem Geflecht auf die Reifen montiert, die wiederum auf speziellen Rädern und Felgen rollten. Der Reifen hatte kein Profil, dafür aber ausgeprägte Schultern, die die Ketten an ihrem Platz hielten. Caterpillar brachte das System 1971 für den Dystred 988 Cushion Track Loader auf den Markt.

Im Jahre 1975 wurde die Weiterentwicklung vorgestellt, die das Dystred-System ablöste. Unter der Bezeichnung „Beadless Tire" verstand man eine zweiteilige Felge, auf der eine Gummikarkasse ohne Wulst montiert war. Darauf saß ein Gummigürtel, der durch ein Geflecht von Stahlkabeln verstärkt war. Die Konstruktion wurde durch Halterungen fixiert. Damit wollte man vor allen Dingen die Vorderreifen auf felsigem Untergrund vor Beschädigungen schützen. Die restlichen Räder waren mit dem Dystred-System ausgerüstet. Caterpillar bot das Beadless-System auf den Radladern 988B und 992C an. Doch Anfang der achtziger Jahre wurde die Entwicklung wegen mangelnder Unterstützung durch die Reifenindustrie wieder eingestellt. Doch das Prinzip eines Gummireifens, der durch ein äußeres Stahlgeflecht verstärkt wurde, fand wieder Freunde bei jener Entwicklungsmannschaft, die für den Trecker Challenger verantwortlich war.

In den sechziger Jahren baute Peterson zwei unterschiedliche Verdichter, die die Frontpartie des Schürfzugs 631B nutzten. Dieses Modell (das Foto entstand im März 1966) war die zweite gebaute Einheit, der Peterson Twin 631B Tamper, der 1966 bei einem Dammbau eingesetzt wurde und alle anderen Maschinen schlug. Trotzdem wurde die Maschine nie verkauft und später demontiert. Foto: ECO Collection

D11R CD
CARRYDOZER

7

DAS GROSSE RISIKO

DAS HOCH GESETZTE KETTENRAD KOMMT

Erfolgreiche Unternehmen sind oftmals versucht, die Produkte, mit denen sie eine Marktführung erreicht haben, zu modifizieren oder neu zu erfinden, was mitunter enttäuschende Resultate zur Folge haben kann. Findet die neue Entwicklung nicht die Zuneigung der Kundschaft, kann das Unternehmen großen Schaden nehmen. Ist man aber erfolgreich, dann kann die Firma neue Höhen erreichen. Caterpillar stand Ende der sechziger Jahre vor einer solchen Entscheidung, als man überlegte, die auf dem Markt führenden Raupenschlepper mittels hoch gesetzten Kettenrädern – auch Deltaantrieb genannt – zu modifizieren.

Dieser Antrieb für Schlepper war eigentlich keine Neuheit. Andere Unternehmen hatten bereits 1917 damit experimentiert. So brachte die Dayton-Dick Company aus Quincy, Illinois, den Schlepper Leader Model 25-40 mit hoch gesetztem Kettenrad auf den Markt. Dem folgte 1919 das Model 18-36, auch Model C genannt. Doch die Leader-Schlepper hatten keinen Erfolg und wurden 1920 aus dem Lieferprogramm genommen. 1918 wagte sich Acme Harvester Company aus Peoria, Illinois, an diese Technik und brachte das Modell 12-24 auf den Markt. Wieder wollte der Markt davon nichts wissen. Unter den Pionieren dieser Technik befand sich auch Cletrac aus Cleveland, Ohio. Das Modell F 9-16 kam 1920 ins Programm, wurde bis 1922 gebaut und erwarb sich während der kurzen Bauzeit einen guten Ruf.

Doch bevor diese Unternehmen mit den hoch gesetzten Kettenrädern experimentierten, hatten sich schon die beiden Caterpillar-Gründer Holt und Best an diese Technik gewagt. 1912 baute Holt einen Schlepper mit dieser Auslegung, der über zwei Fronträder gelenkt wurde. Bereits vor 1910 waren erste Exemplare entstanden, die ein Hilfsrad zur Steuerung be-

Der 1996 auf der MINExpo in Las Vegas vorgestellte D11R CD Carrydozer (9XR) war das erste Exemplar, das mit dem 850 PS starken Cat 3508B-Diesel ausgerüstet wurde. Im April 1998 wurde die Produktion des Schwergewichts offiziell gestartet. Foto: Caterpillar

1914 und 1915 entstanden insgesamt 45 C.L.B. „Humpback" 30, bei dem sich das Unternehmen an die Konzeption des hoch gesetzten Antriebsrad wagte. Gedacht waren die Maschinen für den Einsatz in Obstplantagen und Baumschulen. Das Foto zeigt das letzte noch existierende Exemplar, das heute im Fred C. Heidrick Ag Historic Center steht. Foto: Randy Leffingwell

nutzten. Als Antriebsenergie nutzte man dabei Dampf. Fast alle dieser speziellen Schlepper wurden beim Bau der Bewässerungskanäle in Kalifornien eingesetzt.

Best produzierte in jenen Jahren einen Schlepper mit hoch gesetztem Antriebsrad, den C. L. Best Model 30 „Humpback", der zwischen 1914 und 1915 vor allem für Obst- und Weinbauern gedacht war. Nur dieses eine Modell wurde nach diesem Konzept gebaut, das aber in einigen Bereichen seiner Zeit voraus war. Doch die Entwicklung benötigte noch weitere Arbeit, für die es damals kein Kapital gab.

Für einige Jahrzehnte verschwand die Idee des hoch gesetzten Antriebsrads aus den Gedanken der Ingenieure und wurde erst vom Caterpillar-Ingenieur Bob Purcell wieder belebt, der Ausschau nach einem System hielt, mit dem man die Schlepper-Qualitäten der Maschinen des Hauses verbessern konnte. 1965 entwickelte Purcell das so genannte „Triangle Track Drive System", mit dem die Kette fest auf dem Boden gehalten wurde. In der Entwicklungsabteilung entstand ein erster Prototyp, aus dem dann ein hoch entwickelter Schlepper für den Garten werden sollte. Der Chauffeur saß auf einem Sitz hinter der Ketteneinheit und steuerte das Gefährt über zwei lange Lenkhebel. Die ersten Erprobungen

Noch vor dem „Humpback" von Best baute Holt 1912 einen Schlepper mit hoch gesetztem Antriebsrad, der als Holt Ditcher bekannt wurde. Sein Einsatzgebiet waren die Bewässerungskanäle in Kalifornien. Foto: Caterpillar

Man kann es sich kaum vorstellen, aber dieser kleine Trecker war der Ausgangspunkt für das Konzept des Delta-Antriebsrads bei Caterpillar. Entstanden war das Gefährt aus einem Rasenmäher, den Entwicklungsingenieur Bob Purcell 1965 entsprechend umgebaut hatte. Die Überraschung war groß, als die kleine Maschine einen Jeep über das Testgelände in Peoria zog. Foto: Bob Purcell Collection

Dem Rasenmäher-Prototypen folgte ein modifizierter D9G-Dozer, der 1970 gebaut und auf dem Testgelände von Peoria ausführlich getestet wurde. Foto: ECO Collection

Der erste Prototyp D10X1 wurde den leitenden Angestellten des Unternehmens im Juli 1973 im Caterpillar Tech Center gezeigt. Nur dieses Exemplar der ersten Prototypen hatte eine offene Fahrerkabine. Foto: Caterpillar

auf dem Testgelände in Peoria ergaben, dass dieser umgebaute Rasenmäher ungeheuer viel Kraft hatte, und sogar einen Jeep ziehen konnte.

Nach diesen ersten viel versprechenden Auftritten überlegten die Ingenieure, wie man die Technik am besten für die verschiedenen Produktlinien nutzen konnte. Als erste Maschine kam dann aber nicht der Raupenschlepper in den Genuss dieses Systems, sondern der 1967 vorgestellte Radlader 988 wurde als erstes Modell für diesen Antrieb entwickelt. Doch bald darauf wurde dieses effektive System auch von jenen Technikern genutzt, die damit beschäftigt waren, einen der größten jemals vom Unternehmen gebauten Schlepper zu entwickeln. Das Ergebnis dieser Arbeiten war der legendäre D10.

Kurz nach der Ankündigung des D9 im Jahre 1954 hatte man bei Caterpillar bereits an die Entwicklung eines noch größeren Schleppers gedacht. Doch die Vorbereitungen für die Überarbeitung des D9 mit einem gigantischen Fahrwerk wurden bald darauf gestoppt, weil ein derartiger Schlepper angesichts der zur Verfügung stehenden Mittel zu große Herstellungs- und Servicekosten verursachen würde. Im darauf folgenden Jahrzehnt verursachte der Anstieg bei den Bauvorhaben und im Tagebau ein Umdenken bei Caterpillar und man erkannte, dass man einen Schlepper oberhalb des aktuellen D9 benötigte. 1969 wurde daher eine Projektgruppe für den D10 gebildet. Dazu gehörten Mitglieder aus der Forschungsabteilung des Unternehmens, wo bereits schon einige Lösungen für den neuen Dozer entstanden waren.

Das Team formulierte zunächst ein Lastenheft, in dem die Ziele der verschiedenen Abteilungen wie Verkauf, Service, Produktion und natürlich die Wünsche der Kundschaft fixiert wurden. Dazu gehörten eine große Produktivität, ein modulares Design, einfache Wartung, hohe Effektivität und Transportfähigkeit. Im November hatte die Gruppe einen ersten Entwurf mit hoch gesetztem Antriebsrad bereit. Um das Management zu überzeugen, entstand ein Holzmodell des D10 in voller Größe.

Das Modell überzeugte die Verantwortlichen, die meinten, dass der D10 mit seinem neuen Antriebskonzept ein großes Potenzial haben könnte. Anfang 1970 wurde der Bau eines ersten Prototyps genehmigt, um die neue Maschine mit Deltaantrieb testen zu können. Im Februar begannen Ingenieure damit, einen D9G entsprechend umzubauen, der schließlich im Juni 1970 erstmals bewegt werden konnte. Dieser D9G hatte das hoch gesetzte Antriebsrad und ein federndes Fahrwerk, mit dem die Kettenräder und der Rahmen geschont werden und zugleich auch bessere Traktion erreicht werden sollte. Nachdem dieses Gefährt zwei Jahre lang ausführlich getestet worden war, begann man mit dem Bau des ersten „richtigen" D10-Prototyps.

Die Verantwortlichen des Konzerns taten sich mit der Entscheidung zu Gunsten des D10 nicht leicht. Ihre Raupenschlepper galten schließlich als die Besten ihrer Art in der Welt. Eine derartig deutliche Veränderung

Sechs Wochen nachdem der D10X1 fertig gestellt war, begann der D10X2 seine Erprobungsfahrten auf dem Testgelände in Arizona. Nun hatte der Fahrer eine geschlossene Kabine mit Klimaanlage. Nur die Modelle X1 und X2 hatten zwei Führungsrollen. Foto: John F. Cooper Collection

Eines von zehn Vorserienmodellen des D10 bei letzten Testeinsätzen in Arizona. Bei diesen Exemplaren ist die Fahrerkabine durch einen zusätzlichen Überrollbügel geschützt, der aber später in der Serie noch einmal überarbeitet wurde. Foto: Caterpillar

im Konzept hatte durchaus das Potenzial, mehr Schaden als Nutzen zu verursachen. Man hatte also eindeutig mehr zu verlieren als zu gewinnen. Wie würden die treuen Kunden auf das neue Konzept reagieren? Und welche Konsequenzen würden einem möglichen Versagen auf den Baustellen folgen? Die Aussicht, das Antriebskonzept zu ändern und gleichzeitig mit dem größten und stärksten Raupenschlepper in der Geschichte des Unternehmens auf den Markt zu kommen, bereitete den Herren einiges Kopfzerbrechen. Über die Vor- und Nachteile des neuen Modells und die damit verbundenen Risiken wurde ausführlich diskutiert, doch dann überwogen die verführerischen Eigenschaften der neuen Entwicklung. Der Vorstand gab grünes Licht, und nun musste die Vertriebsabteilung beweisen, was sie konnte.

Am 13. Juli wurde der intern X-1 genannte Prototyp des D10 fertig gestellt. In der darauf folgenden Woche konnten sich die leitenden Herren des Unternehmens und die Leiter der verschiedenen Werke bei ihrem Sommertreffen von den Qualitäten der neuen Maschine überzeugen. Alle Teilnehmer waren gleichermaßen beeindruckt. Nach dem Treffen wurde X-1 unter großer Geheimhaltung auf das Testgelände des Unternehmens transportiert. Sechs Wochen später ging X-2 in die Erprobungsphase auf dem anderen Testgelände in Arizona.

Die beiden Prototypen unterschieden sich vor allem durch die Konstruktion des Fahrerplatzes. Saß der Fahrer beim X-1 unter einem Überrollbügel, so hatte er beim X-2 seinen Platz in einer Kabine. Die meisten Erprobungsfahrten wurden mit dem X-2 unternommen.

Nachdem man zwei Jahre lang getestet hatte, wurden zwei weitere Exemplare, X-3 und X-4, gebaut, die sich vor allem durch eine neue Kabine und zwei fehlende

Mit dem Prototyp D10X3 nahm der Dozer langsam seine endgültige Form an. Das Fahrwerk und die Fahrerkabine waren noch einmal geändert worden und auch die beiden Führungsrollen der ersten Exemplare waren nun verschwunden. Kurz nachdem dieses Maschine ihre Tests begann, entstand D10X4, der über eine leicht modifizierte Kabine verfügte. Foto: Caterpillar

Im Frühjahr 1978 begann die Produktion der neuen Baureihe D10 (84W und 76X) in der neuen SS-Halle. Bei diesem D10 handelt es sich um eines der ersten Exemplare mit dem markanten Auspuffrohr. Spätere Modelle wurden mit zwei Rohren ausgerüstet. Foto: Caterpillar

Der D10 war ein hervorragender Dozer, eignete sich aber ebenso hervorragend für Aufreißarbeiten. Die entsprechende Ausrüstung ging auch durch hartes Gestein wie ein warmes Messer durch Butter. Foto: Caterpillar

1987 kam ein Ripper in das Lieferprogramm. Die Ausrüstung war vor allem für das stärkere Modell D11N (74Z) gedacht, das 1987 auf den Markt kam. Der Impact Ripper nutzte ein hydraulisches System, das kraftvolle Energieimpulse an die Maschine aussendete, so dass diese 540 Mal die Minute einen Druck von 400.000 Pfund ausüben konnte. Foto: Caterpillar

obere Rollen an beiden Seiten unterschieden. Die Ingenieure hielten sie für entbehrlich.

Während X-3 und X-4 noch erprobt wurden, begann Caterpillar 1976 mit dem Bau einer neuen Fabrikationshalle in East Peoria, das als „Building SS" bekannt wurde. Hier wurden später der D10 und alle anderen Modelle mit Deltaantrieb gebaut.

Während der Erprobungsphase wurden am ursprünglichen Design des künftigen D10 noch weitere Veränderungen vorgenommen. Alles war nun bereit für den nächsten Schritt: den Bau der Serienmodelle. Im März 1977 begann die Produktion der Vorserienmodelle in der noch nicht fertig gestellten Produktionshalle SS. Diese von P-1 bis P-10 durchnummerierten Maschinen wurden dann an ausgewählte Unternehmen ausgeliefert, um unter realen Bedingungen abschließend getestet zu werden. Obwohl diese Erprobungen so unauffällig wie möglich durchgeführt werden sollten, war es natürlich ein Ding der Unmöglichkeit, die weltweit größten Dozer unter Ausschluss der Öffentlichkeit arbeiten zu lassen. Ob sie nun auf der Baustelle von Highway I-90 in Montana oder einem Tagebau in West Virginia eingesetzt wurden, nachdem die Trucker sie einmal wahrgenommen hatten, wanderte die Nachricht über Funk in die Welt, so dass die Konkurrenten wie International Harvester oder Fiat-Allis schnell ihre Leute in Marsch setzten, um sich davon zu überzeugen, was Caterpillar auf Lager hatte.

Mitte September 1977 stellte Caterpillar den D10 auf einer Pressekonferenz auf dem Testgelände vor. An einem Vorserienmodell konnten die Teilnehmer das neue Modell genau unter die Lupe nehmen. Cat präsentierte nicht nur ein neues Modell, sondern schlicht und ergreifend den größten Dozer, den man jemals gebaut hatte. Von nun an sollten die Industrie und die Kundschaft Raupenschlepper mit ganz anderen Augen sehen.

Im Frühjahr kamen die ersten Serienmodelle aus der nun fertig gestellten Produktionshalle. Einen Dozer wie den D10 hatte es noch nie gegeben. Die ersten Modelle wurden vom V12-Diesel Cat D348 mit 700 PS angetrieben. Mit seiner gigantischen Schaufel und dem hinteren Aufreißer war der D10 um 50 Prozent produktiver als der D9H. Die Schaufel maß knapp sieben Meter in der Breite und knappe zwei Meter in der Höhe. Der hintere Aufreißer reichte bis zu 1,75 Meter in den Boden. So ausgerüstet, brachte es der D10 auf ein Gewicht von 95,5 Tonnen.

Das herausragende Element des D10 war allerdings das hoch gesetzte Antriebsrad, das den Antrieb aus dem Bereich der Arbeitsplattform nahm und so für ein verlängertes Leben der ganzen Antriebseinheit sorgte. Die modulare Konstruktion vereinfachte zudem die Wartungsarbeiten, und das federnde Fahrwerk ermöglichte es dem D10, einfacher über Hindernisse bewegt zu werden. Dadurch blieben die Ketten länger auf dem Untergrund, was die Traktion wesentlich verbesserte.

Die ersten D10-Modelle waren leicht an einem einzelnen Auspuffrohr zu erkennen, doch Probleme mit dem Turbolader im Motorraum und die Führung des Auspuffs machten einen Umbau und die Montage von zwei Endrohren notwendig. Diese Änderung wurde 1980 vorgenommen.

Im Januar 1988 verließ der letzte D10 die Fertigungsstätte in East Peoria, dem im Februar bereits die ersten D11N folgten, die eine Weiterentwicklung des Erfolgsmodells darstellten. Der 11N sah auf den ersten Blick fast wie sein Vorgänger aus, bot jedoch einiges mehr. Angetrieben wurde der D11N vom V8-Diesel Cat 3508 DITA mit 770 PS. Die Raupen waren nun um 52,5 Zentimeter

Ein D11R-Schlepper bei einem letzten Motortest kurz vor seiner Fertigstellung in Peoria. Foto: ECO

länger, und das Gewicht war auf 103 Tonnen gestiegen. Die Schaufel 11U hatte eine Breite von sieben Metern, war 2,25 Meter hoch und hatte eine Ladekapazität von 34 Kubikmetern. Der D10 hatte 29 Kubikmeter erreicht. Der D11N war um zehn Prozent produktiver als der D10 und dem alten Modell in allen Bereichen überlegen. Rund 1000 Exemplare vom D10 waren gebaut worden, und der D11N sollte diesen Rekord weiter fortsetzen. War der D10 schon eine großartige Maschine gewesen, so war der D11N ein geradezu unglaubliches Gerät.

Das Baumuster war bald die Nummer eins bei den großen Tagebauunternehmen in aller Welt. Doch Anfang 1996, nach einem Jahrzehnt zuverlässiger Arbeit, wurde D11N vom weiter entwickelten D11R abgelöst, der sich vor allem durch den verstärkten Einsatz von Elektronik bei der Bedienung auszeichnete. Darunter stachen die Einführung der nun einhändigen Kontrolle von Lenkung, Kupplung und Bremsen hervor. Die beiden Bereiche waren in zwei Abteilungen unterteilt: FTC für die Lenkung und ECB für Bremsen und Kupplung, die beide links vom Chauffeur montiert waren. Die anderen Details der großen Maschine blieben so gut wie unverändert. Allerdings war das Gewicht nun auf 108 Tonnen gestiegen.

Auf der MINExpo im September 1996 in Las Vegas überraschte Caterpillar mit dem D11R CD Carrydozer, einer speziellen Variante des größten Raupenschleppers. Der D11R CD war für besonders große Aufgaben im Bereich des Tagebaus und der Urbarmachung gedacht. Bei dem Modell handelt es sich um einen D11R mit verstärkten Elementen und dem 3508 EUI-Diesel, der 850 PS leistete. Die knapp acht Meter breite und drei Meter hohe Schaufel hatte eine Kapazität von 43 Kubikmetern, die für einen beachtlichen Zuwachs an

Produktivität verantwortlich war. Der Raupenschlepper brachte es nun auf 120 Tonnen. Nach einer Testperiode von mehr als einem Jahr wurde der D11R CD im April 1998 ins Lieferprogramm aufgenommen.

Während dieser Zeit beschlossen die Ingenieure, den D11R mit dem kraftvolleren Motor aus dem D11R CD auszurüsten. Der so verbesserte D11R wurde im August 1997 an die Kunden geliefert. Die meisten Verbesserungen aus dem Carrydozer wurden nach und nach auch im regulären Modell montiert.

Die D10/11-Serie spielt in der Entwicklung der Raupenschlepper eine herausragende Rolle, wobei vor allem der D10 die Technologie nach vorne gebracht hat. Alle Exemplare der ersten Erprobungsserie sind zerstört worden. Nur einer – der erste D10-P1 – wurde vom Testgelände in Arizona nach East Peoria gebracht und dort im Juni 1989 vor Building SS aufgebaut, um allen Besuchern zu zeigen, wann die Geschichte der Raupenschlepper eine neue Richtung einschlug.

Der D11R (8ZR), der den D11N Anfang 1996 ablöste, wurde von einem 770 PS leistenden Cat 3508-Diesel angetrieben. Im August 1997 wurde die Leistung auf 850 PS gesteigert. Foto: ECO

Der D11R CD Carrydozer verdankt seinen Namen seiner besonderen Schaufel, die große Mengen Gestein laden kann und so über eine beachtliche Produktivität verfügt. In die Schaufel passen beachtliche 39 Kubikmeter. Foto: ECO

CAT
D400

8

AUF DEM WEG NACH OBEN

DIE PRODUKTLINIE WIRD SCHNELL GRÖSSER

In den siebziger Jahren realisierte Caterpillar eine Vielzahl von strategischen Neuorientierungen im Lieferprogramm der großen Maschinen für Erdbewegungen wie zum Beispiel die Einführung des Deltaantriebs bei den Raupenschleppern. Doch auf dem Weltmarkt entwickelten sich andere Unternehmen zu einer ernst zu nehmenden Konkurrenz. Und nachdem sich die großen Straßenbauvorhaben in den USA ihrem Ende zuneigten, suchte Caterpillar nach neuen Marktchancen in Übersee. Im Laufe der Zeit sollten die ausländischen Märkte eine immer größere Rolle für die wirtschaftliche Gesundheit des Konzerns spielen. Vor allem während der Energiekrise und der leichten Rezession Mitte der siebziger Jahre gewannen die ausländischen Märkte an Bedeutung. In dieser Epoche gingen die Verkäufe in den USA deutlich zurück, was durch die internationale Kundschaft ausgeglichen werden konnte.

Ende der sechziger Jahre wandten sich die Bauunternehmen zunehmend den hydraulischen Baggern zu, die unter anderem von amerikanischen Herstellern wie Bucyrus-Erie, Koehring, Insely sowie Warner & Swaysey in den verschiedensten Größen angeboten wurden. Caterpillar hingegen hatte auf diesem Gebiet bis dato nichts anzubieten. Um auf dem wachsenden Markt präsent zu sein, stellte das Unternehmen daher 1972 den ersten hydraulischen Bagger, den 225, vor.

Mit der Entwicklung des Baggers war bereits 1969 begonnen worden, als die Forschungsabteilung dem Management ein Holzmodell mit der internen Bezeichnung X-10 vorstellte. Im Januar 1970 folgte eine erste Version aus Eisen mit der Typenbezeichnung 625 X1. Nach

Caterpillar stellte seine Baureihe D400 1985 vor. Anfangs liefen die Laster noch für eine kurze Zeitspanne unter dem Markennamen DJB. Der D400 verfügte über Sechsradantrieb und wurde von einem 385 PS starken 3406 DTA-Diesel angetrieben. Die Kombination von Cat-245-Bagger und D400 war so gut wie unschlagbar. Foto: Caterpillar

Der 625X1 (das Bild entstand im Januar 1970) war der erste hydraulische Bagger mit einer Kapazität von gut 0,5 Kubikmetern. Aus diesem Modell wurde später der 225, bei dem unter anderem die Fahrerkabine auf die linke Seite verlegt wurde. Foto: Larry Clancy Collection

1973 kam mit dem 235 der zweite Hydraulik-Bagger des Unternehmens auf die Baustellen. Im Gegensatz zum 225 stellte der 235 eine vollständige Caterpillar-Entwicklung dar. Foto: Caterpillar

der Genehmigung durch das Management wurde das Baggerprogramm in die Fabrik von Aurora, Illinois, verlegt. Weitere Erprobungen hatten unter anderem die Verlegung der Kabine für den Baggerführer auf die linke Seite zur Folge. 1972 schließlich ging die Maschine als Modell 225 in Serie.

Der Caterpillar-Bagger 225 war eine vollkommen eigenständige Entwicklung des Konzerns. Angetrieben wurde der 225 vom Diesel Cat 3160, der 125 PS leistete, die über einen hydrostatischen Antrieb an die Raupen weitergegeben wurden. Die Räumkapazität schwankte zwischen 0,7 und einem Kubikmeter, je nachdem, welche Schaufel eingesetzt wurde. Der 225 wurde vom Markt gut aufgenommen, für den Caterpillar noch weitere Modelle vorbereitete.

Dem 225 folgten 1973 der 235 und der große 245 im Jahre 1974. Der 235 wurde vom Cat 3306 mit 195 PS angetrieben. Seine durchschnittliche Kapazität lag bei 1,1 Kubikmetern. Der größere 245 konnte sich auf einen Cat 3406 verlassen, der 325 PS leistete. Die Kapazität schwankte zwischen 1,4 und 2,4 Kubikmetern.

Auf der anderen Seite des Lieferprogramms stand der kleinere Bagger 215, der 1976 auf den Markt kam. Der in Belgien gebaute 215 hatte 85 PS und eine Kapazität von einem halben Kubikmeter.

Um die Palette der hydraulischen Bagger zu erweitern, baute Caterpillar auch Frontschaufel-Versionen der Modelle 235 und 245. Die Frontschaufel-Variante des 235 kam 1978 zu den Kunden. Die Motorleistung unterschied sich nicht vom Basismodell. Die Kundschaft konnte zwischen zwei Schaufelversionen wählen. Bei der Frontschaufel waren es 2,1 Kubikmeter, ansonsten lag die Kapazität bei 1,8 Kubikmetern. Das grö ßere Modell mit der neuen Schaufel wurde 1976 vorg stellt und kam auf die Kapazitätswerte von 3 beziehungsweise drei Kubikmetern.

Um die Palette an hydraulischen Bagger baute Caterpillar auch Frontschaufeln f Maschinen wie den 235 FS, der 1978 kam. Foto: Caterpillar

Der größte hydraulische Frontschaufler seiner Zeit war der 245 FS, der sein Debüt 1978 gab. Auf dem Foto wird gerade ein 35-Tonner 769C beladen.

Der aus dem Mitsubishi-Bestand übernommene Caterpillar E650, der 1987 auf den Markt kam, war das größte Exemplar der E-Serie. Angetrieben wurde der Bagger von einem Mitsubishi-Diesel (S6B-TA), der 375 PS leistete. Die Schaufel hatte eine Kapazität von 2,6 Kubikmetern. Als Frontschaufler kam er auf 3,4 Kubikmeter. Foto: ECO Collection

Der DJB war der größte Sattelschlepper, den das Unternehmen jemals im Lieferprogramm hatte. Wie bei allen DJB-Trucks stammte die Krafteinheit komplett aus dem Caterpillar-Regal. Der Diesel 3408 PTA leistete 450 PS. Die Automatik stammte aus dem 988B-Programm, während die beiden Achsen vom 980B übernommen wurden. Foto: ECO Collection

Bis zum Jahre 1999 war der D550B für eine allerdings nur kurze Zeit der größte Sattelschlepper des Unternehmens. 1986 vorgestellt, wurde das Fahrzeug bereits 1987 wieder aus dem Programm genommen, weil offensichtlich kein Bedarf für den 55-Tonner bestand. Als Antrieb der sechs Räder diente der bewährte Cat 3408, der 460 PS leistete. Foto: ECO Collection

Seit ihrer Markteinführung im Jahre 1962 gehören die Schürfzüge der 657-Serie mit Doppelmotor zu den besten Maschinen ihrer Art. Der 1969 vorgestellte 657B verfügte über eine Leistung von 950 PS, was ihn zusammen mit der hohen Schürfleistung von 30 Kubikmetern zu einer äußerst effektiven Einheit machte. Foto: Caterpillar

Die steigende Zahl von importierten Baggern, vor allem aus Japan, veranlasste Caterpillar nach einem Weg zu suchen, die Zahl der angebotenen Modelle zu vergrößern. Außerdem verlangte der Markt nach kleineren und vielseitigeren hydraulischen Baggern. Die weltweite Rezession Anfang der achtziger Jahre bereitete Caterpillar einige Probleme, so dass der Konzern eine Kooperation mit dem in Europa respektierten deutschen Hersteller Eder einging, um den Markt mit kleineren Baggern versorgen zu können.

1984 bot Caterpillar sieben neue von Eder gebaute Modelle an und ergänzte so die Palette der größeren Maschinen. Zu den Baggern mit Ketten gehörten die Modelle 205 LC, 211 und 213. Auf Rädern kamen die Modelle 206, 212, 214 und 224 zu den Kunden. Auf diese Weise schloss das Unternehmen die Lücken im Lieferprogramm unterhalb des Cat 215.

Caterpillar verbesserte seine weltweite Position zudem durch den Import von Mitsubishi-Maschinen, der 1987 aufgenommen wurde. Die enge Verbindung zwischen den beiden Unternehmen hatte bereits 1962 begonnen, als Caterpillar, um die hohen japanischen Importbarrieren zu umgehen, eine gemeinsame Produktions- und Vertriebsgesellschaft mit Mitsubishi Heavy Industries gründete. Die Caterpillar Mitsubishi Ltd. produzierte in Japan unter anderem Raupenschlepper sowie die verschiedenen Lader. Das Abkommen wurde 1963 endgültig besiegelt. 1964 bauten die Amerikaner ihre erste Fabrik in Sagamihara in der Nähe von Tokio. Als erstes Produkt rollte ein D4-Schlepper im Frühjahr 1965 aus der neuen Fabrik. Die Partnerschaft war für beide Parteien erfolgreich, so dass 1987 die Zusammenarbeit auf hydraulische Bagger ausgedehnt wurde. Der Name des Unternehmens wurde in Shin Caterpillar Mitsubishi Ltd. geändert.

Caterpillars globale Strategie auf dem Gebiet der hydraulischen Bagger begann sich nun auszuzahlen. 1987 kam dank der Verbindung mit dem japanischen Partner eine Flut von neuen Modellen auf den Markt. Die ersten dieser auch „E-Maschinen“ genannten Modelle waren E70, E110, E120, E140, E180, E240, E300, E450 und E650. 1988 kam noch der E200B hinzu.

Die Tiefbauunternehmer kombinierten zunehmend hydraulische Bagger mit Sattelschleppern, die nicht selten den Einsatz von Planiermaschinen bei bestimmten Bodenverhältnissen überflüssig machten. Diese Kombinationen stellten eine weitere Bedrohung für das Unternehmen dar. Mit Allradantrieb sind diese Ma-

Der 1979 ins Lieferprogramm aufgenommene 639D war der stärkste Schürfzug seiner Art. Bei dem Gerät handelte es sich um einen 633D, dem mittels eines stärkeren Motors (700) im Heck wesentlich mehr Power zur Verfügung stand. Seine Produktionszeit endete 1984. Foto: Caterpillar

Als der 50-Tonner 773 im Jahre 1970 zu den Händlern rollte, war er einer von zwei Lastwagen, die Caterpillar damals produzierte. Dank seines 600 PS leistenden Cat D346 war er auf Anhieb ein Erfolg und etablierte das Unternehmen in diesem Segment als ernst zu nehmenden Wettbewerber. Foto: Caterpillar

Um seinen Marktanteil weiter zu verstärken, bot Caterpillar Schlepper-Lösungen für die sich nach unten öffnenden Anhänger an. Der 100-Tonner 772, der im Tagebau eingesetzt wurde, machte 1974 den Anfang. Der 772-Schlepper basierte auf dem 773 und teilte mit diesem Modell Motor und Leistungsdaten. Foto: Caterpillar

schinen vor allem im Regen und unwegsamen Gelände praktisch unschlagbar. Caterpillar hatte bereits in den fünfziger und sechziger Jahren Sattelschlepper angeboten, indem man die zwei- oder vierachsigen Schlepper mit Anhängern von Athey verband. Allerdings hatten diese Modelle bei großen Steigungen ihre Probleme, weil ihnen der Allradantrieb fehlte.

Caterpillar kam über einen Umweg in den Markt für Sattelschlepper, indem das Unternehmen nämlich im August 1973 mit der Lieferung von vollständigen Antriebseinheiten an das englische Unternehmen DJB begann. DJB Engineering war von David John Bowes in Peterlee gegründet worden, um Sattelschlepper auf den Markt zu bringen. Von Beginn an vertraute DJB den Antriebseinheiten aus dem Hause Caterpillar, einschließlich Motoren, Getriebe und Achsen. Im November 1974 kam der erste Lastwagen, der 27,5-Tonner D250, auf den Markt. Angetrieben wurde der D250 vom 235 PS starken Cat 3306T-Diesel. Das Interesse an dem Truck war so groß, dass die Firma im September 1975 in größere Produktionsanlagen ziehen musste.

Im Juni 1976 folgte das zweite Modell, der 33-Tonner D300. Obwohl diese ersten Modelle alle von DJB entwickelt worden waren, stammte die Technik fast ausschließlich von Caterpillar. Viele Caterpillar-Händler übernahmen die DJB-Produkte, weil der Antriebsstrang von der Caterpillar-Garantie gedeckt war. Ende 1978 gingen 30 Prozent der DJB-Laster in die USA. 1985 erwarb Caterpillar die Rechte an den von DJB gebauten Lastern, die noch immer in Großbritannien gebaut wurden. In jenen Jahren wurde aus DJB die Atrix Ltd. 1996 schließlich kaufte Caterpillar das Unternehmen, das nun als Brown Group Holdings firmierte, samt allen Anlagen in Peterlee. Nun waren die Lastwagen endgültig vollwertige Caterpillar-Produkte.

Im Laufe der Jahre entstanden zahlreiche neue Modelle und Variationen, darunter Zweiachser, Allradler, Dreiachser mit vier angetriebenen Rädern und Dreiachser mit Allradantrieb. Zu den Schlüsselmodellen zählen die Zweiachser D20D (1992), D22 und D25 (1979), D30C (1985), D35 (1981) und der D40D (1988). Zu den Dreiachsern zählten D275, D330 und D350 (alle 1978) und D300B sowie D400 (1985). Die größten Modelle waren der Zweiachser DJB D44 (1980) und der Dreiachser DJB D550 (1978). Der 44-Tonner D44 verfügte über Allradantrieb. Beim 55-Tonner D550 wurden jedoch nur zwei der sechs Räder angetrieben. 1986 wurden beiden Modelle aufgewertet und standen nun als D44B und D550B im Lieferprogramm. Beim 550B bedeutete dies nun Antrieb auf alle sechs Räder. Doch der Markt für derartige Laster entwickelte sich nicht so, wie das Unternehmen erwartet hatte. Ende 1987 verschwanden die beiden Modelle aus dem Programm.

Zu den anderen Produktlinien, die in den siebziger und achtziger Jahren auf den Markt kamen, zählten die Schleppschaufelbagger im Jahre 1985, Skidder mit Gummibereifung (1971), eine ganze Anzahl von Ge-

Mit dem Muldenkipper gelang dem Unternehmen 1974 ein großer Erfolg. Der 85-Tonner etablierte sich schnell als die Standardmaschine. Zu den herausragenden technischen Details gehörten der D348-Diesel mit 870 PS, ölgekühlte Scheibenbremsen und der gigantische Frontkühler. Das Bild zeigt einen Prototyp im Januar 1974 auf dem Testgelände in Arizona. Foto: Caterpillar

Für große Transportaufgaben im Kohlebergbau hatte Caterpillar den 100-Tonner 776 im Angebot. Der 776-Schlepper baute auf dem Fahrwerk und dem Antriebsstrang des 777 auf. Der Anhänger war zwar von Caterpillar entwickelt worden, entstand aber bei WOTCO, wo auch der Anhänger für den 772 gebaut wurde. Foto: ECO Collection

Der Schlepper 776 war auch bei anderen Herstellern beliebt, die ihn mit ihren Anhängern kombinierten. Das Bild zeigt einen 776 mit einem 150-Tonnen-Atlas-RD150-Kipper. Foto: ECO Collection

Der beliebte Radlader 992 wurde 1973 zur 992B-Serie aufgewertet. Der Antrieb blieb unverändert, dafür stieg die Ladekapazität auf knapp sieben Kubikmeter. Außerdem bekam die Fahrerkabine ein neues Design. Foto: Caterpillar

rätschaften für die Holzwirtschaft und dann noch zahlreiche Maschinen für den Straßenbau im Jahre 1985.

Die etablierten Produkte

Neben den Neueinführungen wurden in den siebziger und achtziger Jahren die traditionellen Produktlinien des Unternehmens kontinuierlich weiter ausgebaut.

Im Bereich der Planierer strich Caterpillar Anfang 1979 alle Zweiachser mit vier Rädern und stellte gleichzeitig die Produktion der gezogenen Planierpflüge ein. Das größte Exemplar dieser Baureihe war das Model 491C mit einer Kapazität von 20 Kubikmetern. Es wurde 1970 vom Markt genommen. No. 60, ein Veteran, der seit 1952 gebaut wurde, verschwand 1972 aus dem Programm. Das Modell war der am längsten gebaute gezogene Schürfzug überhaupt. Die Modellreihe fand schließlich mit der Einstellung des 435G – der letzte wurde 1973 in Großbritannien gebaut – ihren Abschluss.

Auf der anderen Seite brachte Caterpillar neue motorisierte Schürfzüge auf den Markt und bot so eine neue Vielfalt in bezug auf Ladekapazität und Motorleistung. Dazu zählte der 1970 vorgestellte 637 mit Tandemantrieb, der die Kundschaft mit seinen Werten überzeugen konnte. Der Schlepper verfügte über den Cat D343-Diesel mit 415 PS, während der hintere Planierer von einem D333 mit 225 PS angetrieben wurde, was eine kombinierte Leistung von 640 PS ergab. Damit eignete er sich vor allem für mittlere und große Aufgaben. Seine Ladekapazität lag bei 16 Kubikmetern. 1975 wurde aus dem 637 der 637D mit 705 PS – was er dem neuen Cat 3408-Diesel vorne und dem 3306-Aggregat im hinteren Teil der Maschine verdankte. 1985 wiederum wurde das Modell zum 637E mit 700 PS modifiziert.

In dieser Zeit kamen auch drei weitere neue Modelle auf den Markt. Der kleinste war der 615 mit einer Ladekapazität von zwölf Kubikmetern, der 1982 zu den Kunden rollte. Das Mittelklasse-Modell war der 1972 vorgestellte 623, der 16 Kubikmeter laden konnte und von einem 300 PS starken Cat D336-Diesel angetrieben wurde. Bereits ein Jahr später wurde das Modell zum 623B aufgewertet, der nun dank des Cat 3406-Aggregat 330 PS leistete. Die größte Maschine dieser Baureihe war das Modell 639D, das 1979 zum ersten Mal ausgeliefert wurde und 26 Kubikmeter schaffte. Der 639D verfügte über zwei Motoren – einen Cat 3408-Diesel mit 450 PS vorne und einen 3306 mit 250 PS hinten. Mit 700 PS war der 639D der stärkste, jemals von Caterpillar gebaute Planierer in dieser Klasse. Doch

Wahrscheinlich ist der Radlader 992C der größte Vertreter seiner Art. Der 992C löste Ende 1977 die B-Baureihe ab. Dem Fahrer standen nun 690 PS zur Verfügung. Foto: Caterpillar

bei den Kunden war er nicht sonderlich erfolgreich und verschwand 1984 am Höhepunkt der weltweiten Rezession mangels Nachfrage wieder aus dem Lieferprogramm.

Bei den Lastwagen machte das Unternehmen nach dem Rückschlag, den man beim Diesel-Elektroantrieb hatte einstecken müssen, auch wieder Boden gut. Anfang der siebziger Jahre machte der 50-Tonner 773 den Start. Die Vorstellung des neuen Lasters wurde wegen der Entwicklungsarbeiten am 779 etwas verzögert. Doch nachdem dies abgeschlossen war, konzentrierten sich die Ingenieure des Hauses voll auf die Lastwagen in der 50-Tonnen-Kategorie. Der 773 wurde vom bewährten D346 mit 600 PS angetrieben. Der 773 ähnelte stark dem kleineren 769B, war aber größer. 1978 wurde der Laster in 773B umbenannt und hatte nun als Antriebsaggregat den Cat 3412-Diesel, der 650 PS leistete. Die Rundungen des alten Design waren nun Vergangenheit, statt dessen dominierten Kanten, und auch die Fahrerkabine war vollkommen neu gestaltet worden.

Mit dem 1974 vorgestellten 777, der die vom 779 hinterlassene Lücke schloss, traf Caterpillar genau den Geschmack der Kundschaft. Mit einer Ladekapazität von 85 Tonnen und dem Cat D348-Diesel, der 870 PS leistete, war der Laster ein lang anhaltender Erfolg. Der 777 war zudem der erste Cat-Laster, der das neue kantige Design aufwies, das bis heute die Muldenkipper des Unternehmens unverwechselbar macht. 1985 wurde der 777 zum 777B mit einem Cat 3508-Diesel unter der Haube. Die PS-Leistung blieb unverändert, dafür stieg die Kapazität auf 95 Tonnen.

In den siebziger Jahren ergänzte das Unternehmen sein Programm der Lastwagen für den Einsatz außerhalb öffentlicher Straßen durch eine ganze Reihe von Lastern für den Tagebau, die auf den klassischen Muldenkippern basierten, aber für den Einsatz als Kohletransporter modifiziert worden waren. Zu diesen Modellen zählen der 768B und der 772, die 1971 auf den Markt kamen. 1974 kam der 772 für den Kohletransport mit einer Ladekapazität von 100 Tonnen. Dem folgte 1976 der 776, der 150 Tonnen transportieren konnte.

Auf dem Gebiet der Radlader hatte Caterpillar in jenen Jahren für alle Bedürfnisse der Kundschaft das passende Gerät. Ob groß, mittel oder klein, mit viel PS oder eher weniger Leistung, Cat hatte das passende Fahrzeug. Caterpillars größte Modelle für den Einsatz im Bergbau, die Modelle 988 und 992, verlangten allerdings nach einer Überarbeitung. Der Klassiker 988 wurde daher 1978 zum 988B aufgewertet. Das neue Modell wurde vom Cat 3408-Diesel mit 375 PS angetrieben und hatte auch eine komplett neue Frontpartie samt neuer Ladevorrichtung, mit der sich die Schaufel schneller füllen ließ. Die Ladekapazität lag nun bei 5,3 Kubikmetern.

Der 992 wurde 1973 zum B-Modell befördert, wobei die Veränderungen vor allem in Richtung Zuverlässigkeit und Produktivität gingen. Das Antriebsaggregat und die Leistung blieben unverändert, allerdings stand nun eine Ladekapazität von bis zu 7,6 Kubikmetern zur Verfügung. Neu war die ROPS-Kabine, die dem Fahrer im Falle eines Überschlags besseren Schutz bot. Für die richtig großen Aufgaben war der 992C gedacht, der den 992B Ende 1977 ablöste. Der 992 hatte wesentlich mehr Leistung, was er irgendwie sogar im Stillstand zu zeigen schien. Im Heck arbeitete der V12-Diesel Cat

Caterpillar ersetzte 1982 den Kettenlader 983B durch den neu entwickelten 973 mit hydrostatischem Antrieb. Im Interesse einer besseren Gewichtsverteilung ist der 210 PS starke Motor (Cat 3306) im Heck montiert. Das Modell gab es auch in einer speziellen Version für Stahlwerke für den Transport der heißen Asche. Foto: Caterpillar

Die Modelle der D7G-Serie, die 1975 auf den Markt kamen, waren die letzten Exemplare mit konventionellem Antrieb. Der Cat 3306 leistete 200 PS. Zur Baureihe gehörten auch der D7G LPG (1976) und der D7G SA (1981). Neben dem D7H mit Deltaantrieb wurde 1999 noch ein Modell mit konventionellem Antrieb in die USA importiert. Foto: Urs Peyer

3412 mit 690 PS, und die Schaufel vorne hatte eine Ladekapazität von 9,5 Kubikmetern, was unter anderem der neuen Ladevorrichtung zu verdanken war. 1982 kam eine modifizierte Version 992C mit zehn Kubikmetern auf den Markt. Wie gut war der 992C? Als er 1992 vom neu entwickelten 992D abgelöst wurde, waren mehr als 2500 C-Modelle gebaut worden, was ihn zum meist gebauten Lader aller Zeiten machte.

Der Caterpillar D9L mit Deltaantrieb kam als Ablösung des legendären D9H ins Lieferprogramm. Dennoch blieb der D9H noch ein Jahr im Programm, weil man sich über die Reaktion des Marktes nicht sicher war. Der D9H des Jahres 1980, aus dem 1987 der D10N wurde, wurde von einem Cat 3412 mit 460 PS angetrieben. Foto: Caterpillar

Vor allem im Westen der USA war der 1977 ins Lieferprogramm aufgenommene Schlepper D6D SA („Special Application") auf den großen Farmen beliebt. Der Cat 3306 lieferte 125 PS. Der Schlepper diente auch als Basis für zwei spezielle Einheiten, mit dem das künftige Mobil-Trac-System getestet wurde.

Bei den Kettenladern spielten sich in dieser Epoche ebenfalls Veränderungen ab. 1980 begann Caterpillar, mit dem 943 mit hydrostatischem Antrieb vollkommen neu entwickelte Modelle auf den Markt zu lancieren. Der 943 war der erste einer ganz neuen Baureihe, bei der die Motoren im Interesse eine besseren Sicht und einer ausgeprägteren Balance im Heck montiert waren. Dieses Konzept war nicht neu. Bereits Mitte der sechziger Jahre hatte man beim großen 983 den Motor nach hinten verlegt. Doch das Management meinte, das Modell würde sich zu sehr von den anderen Produkten abheben, so dass man diese Lösung zunächst wieder verwarf. Als man daran ging, die ganze Produktlinie zu überarbeiten, kam man wieder auf dieses Layout zurück. Dem 943 folgten 1981 die Modelle 953 und 963. Im Jahre 1982 brachte das Unternehmen dann den 973 mit hydrostatischem Antrieb zu den Händlern. Das Modell löste den größten konventionellen Lader mit Frontmotor, den 983B ab, der seit 1978 ausgeliefert wurde.

In den siebziger und achtziger Jahren hatte Caterpillar bereits viel in die Modellpalette investiert, doch nirgendwo wurden diese Anstrengungen deutlicher als im wichtigsten Produktbereich, den Raupenschleppern. Der gigantische D10, 1977 vorgestellt und mit dem hoch gesetzten Antriebsrad ausgerüstet, hatte die Industrie auf einen Schlag revolutioniert. Doch Caterpillar ging noch einige Schritte weiter und stellte weitere neue Modelle mit dem neuartigen Antriebssystem vor, das nun auch bei den kleineren Maschinen verfügbar wurde.

Dem D10 folgte 1980 der D9L, der mit seinen 460 PS den Platz des populären D9H einnahm, der allerdings bis 1981 im Lieferprogramm blieb. Damit wollte man jenen Kunden, die dem neuen Antriebssystem nicht trauten, eine Alternative bieten und konnte bei einem möglichen Fehlschlag entsprechend schnell reagieren. Doch diese Befürchtungen waren gänzlich unnötig. Der D9L wurde begeistert aufgenommen. Dem D9L folgte Ende 1981 der D8L, der mit seinen 335 PS den D8K in den USA ablöste. Andere Maschinen mit hoch gesetztem Antriebsrad waren D4H, D5H, D6H und D7H, die alle 1985 auf den Markt kamen.

Mit dem konventionellen D3 machte Caterpillar 1972 Geschichte in eigener Sache. Zum ersten Mal trug ein Schlepper die Typenbezeichnung D3.

Kurz nach der Vorstellung des D11N kam der Rest der N-Serie zu den Kunden. Der D8L wurde zum D9N, und aus dem D9L wurde der D10N. Logischerweise wurde aus dem D10 1986 der D11N. Die Lücke, die durch die Einstellung des D8l entstanden war, füllte der D8N.

In jenen Jahren gab es Dutzende von verschiedenen Raupenschleppern, die in den Fabriken rund um den Globus gebaut wurden. Caterpillar produzierte inzwischen in Großbritannien, Japan, Australien, Frankreich, Brasilien, Mexiko und Indonesien. Ein Teil der dort hergestellten Maschinen wurde in die USA exportiert. Zum Teil blieben sie aber auch auf den einheimischen Märkten. Die großen Tagebaugerätschaften wie die Serien D9, D10 und D11 wurden ausschließlich in East Peoria, Illinois, gefertigt.

1986 brachte Caterpillar einen speziell für die Landwirtschaft modifizierten Schlepper, bei dem Rahmen, Fahrerkabine und Tank den neuen Anforderungen angepasst worden waren. Der AG6 war wesentlich ausgeglichener als der D6D. Angetrieben wurde die Maschine von einem Cat 3306 mit variabler Leistung. In den Gängen eins und zwei standen 200 und in den Gängen drei bis fünf 240 PS zur Verfügung. Das 1986 für kurze Zeit angebotene Modell AG4 verschwand nach sieben produzierten Exemplaren wieder aus dem Programm. Der AG6 beendete 1993 seine Laufbahn. Foto: Caterpillar

CAT
Challenger
45

9

ZURÜCK AUF DIE FELDER

Moderne Geräte für die Landwirtschaft

Es hat durchaus den Anschein, als hätte Caterpillar von Ende der vierziger bis in die siebziger Jahre die Bedeutung der Landwirtschaft im Modellprogramm zurück gestuft. Und bis zu einem gewissen Punkt entsprach dies auch den Tatsachen. Nach dem Zweiten Weltkrieg hatte sich das Unternehmen mit ganzer Kraft auf die Entwicklung von Maschinen für Erdbewegungen und den Tagebau konzentriert. Allerdings hatte Caterpillar in den sechziger und siebziger Jahren spezielle Schlepper für die Landwirtschaft auf den Markt gebracht, die in den westlichen Staaten der USA auch Erfolg hatten – im Rest des Landes fanden die Cat SA-Schlepper aber nicht allzu viele Kunden. Die Produzenten von klassischen Traktoren mit Gummireifen hatten ganz klar die besseren Karten bei den Landwirten.

In den siebziger Jahren änderte Caterpillar den Kurs in Sachen Landwirtschaft. 1974 begann eine Gruppe von Ingenieuren der Fahrzeugentwicklung im Tech-Center in Mossville, Illinois, sich mit dem Bau eines klassischen Caterpillar-Treckers zu beschäftigen. Doch 1975 wiederum, als das neue Programm gerade richtig begonnen hatte, wurde das Projekt wieder gestoppt.

1977 jedoch wurde es wieder belebt. Die Entwicklungsabteilung stellte dem Management eine ganze Reihe von möglichen Konzepten vor, was im Bau eines Prototyps endete. Allerdings wurde die Produktion des Treckers in die Fabrik in Aurora, Illinois, verlegt, wo man auf entsprechende Erfahrungen zurückgreifen konnte. Ende 1979 stand der Cat 4x4 Ag Tractor X-1 zu ersten Erprobungen bereit.

Im Jahre 1997 brachte Caterpillar die Trecker-Serie Challenger auf den Markt. Die Spurbreiten der Modelle 35, 45 und 55, die sich durch eine große Wendigkeit auszeichnen, lassen sich ganz den Wünschen und Bedürfnissen der Kunden entsprechend einstellen. Foto: Caterpillar

Der Trecker Challenger 65 war ein sehr innovatives Gefährt, als er 1986 auf den Markt rollte. Dank des Mobil-trac-Systems (MTS) verdichtete er den Boden weit weniger als die konventionellen, auf Rädern rollenden Trecker. Das Foto zeigt ein Exemplar aus der Vorserie bei letzten Tests im Dezember 1985. Foto: Caterpillar

Caterpillar plante Ende der siebziger und Anfang der achtziger Jahre zunächst die Entwicklung von Gelenktreckern mit konventioneller Gummibereifung. Doch dann wurden die beiden Entwicklungsmannschaften verschmolzen. Das Foto zeigt den ersten Allradtrecker X-1, der 1979 gebaut wurde. Foto: Larry Clancy Collection

Der Trecker stand auf Zwillingsreifen vorne und hinten und verfügte über Allradantrieb. Die im typischen Caterpillar-Gelb lackierte Maschine bot ein modernes Design, das aber nicht über die technischen Defizite hinweg täuschen konnte. Vor allem das Gewicht bereitete Probleme, und auch die vordere Schwingachse eignete sich nicht für Kurven oder unebenen Untergrund. Und dann waren die Produktionskosten auch noch zu hoch.

Die Ingenieure machten sich also erneut an die Arbeit. Ende 1980 stand der X-2 4x4 Ag Tractor für den Erprobungseinsatz bereit. Der Trecker ähnelte seinem Vorgänger, war nun aber silbern lackiert, hatte zudem eine hintere Schwingachse, was das Handling entscheidend verbesserte. Außerdem war das Fahrwerk nun wesentlich leichter und einfacher geworden. Auch die Bodenfreiheit war vergrößert worden. Im März 1981 begannen die Erprobungen in Kalifornien.

Zur gleichen Zeit lief im Unternehmen ein paralleles Programm, bei dem man den Bau eines Treckers mit Bandlauf-Fahrwerken anstatt Rädern untersuchte. Das Entwicklungsprogramm war bereits Ende 1979 begonnen worden, indem man einen Cat D4E SA-Schlepper entsprechend modifizierte. Die Maschine verfügte über einen Cat 3306-Diesel mit 240 PS, der mit einem Fuller Zwölfgang-Lastwagengetriebe verbunden war. Damit wollten die Techniker die verschiedenen Möglichkeiten der Kraftübertragung für den landwirtschaftlichen Einsatz testen. Während dieser Tests wurde zudem untersucht, in wie weit sich ein Bandlauf-Fahrwerk für den Schleppereinsatz eignete. Diese Erprobungen wurden 1980 mit einer speziellen Testeinheit, der man den Namen „Belt Track Test Bed“ (BTTB) gab, durchgeführt. Dieses Test-Vehikel bestand aus dem Heck eines Cat 130G-Motorplanierers, mit dem man nach und nach die verschiedenen Layouts für den Einsatz der Bandlaufwerke untersuchte. 1981 kamen beide Entwicklungsteams zusammen und formten die sogenannte „BAT-Mobile“-Einheit. BAT („Belted Ag Tractor“) entstand auf einem D4E-SA-Testgerät mit einem Bandlauf-Fahrwerk. Die Karosserie war aus Gründen der Tarnung Rot, Gelb und Schwarz lackiert. Aus der Entfernung ähnelte das Gefährt einem „Versatile“-Trecker, was durchaus beabsichtigt war. Caterpillar wollte beim Testen im realen Farmeinsatz, bei dem man alle möglichen unterschiedlichen Konfigurationen erprobte, so wenig Aufmerksamkeit wie möglich erregen.

Nachdem die Ergebnisse des Bandlaufwerk-Projektes analysiert worden waren, kombinierte Caterpillar die beiden Entwicklungsprogramme mit dem Ziel, einen entsprechend ausgerüsteten Trecker zu bauen.

Dieser Entscheidung folgte der Bau von zwei modifizierten D6D-SA-Treckern, die mit solchen Gummiraupen ausgerüstet wurden. Der Umbau der Trecker begann im Juli 1983. Die beiden Testtrecker (Produktionsnummer 1A8070 und 1A8071) übernahmen den größten Teil der Erprobung, um das Konzept in den Vorse-

Ende 1980 entstand dieser Allrad-Prototyp X-2, der zu Testzwecken im kalifornischen Bakersfield einen Grader zieht. Das Foto entstand 1981. Foto: Caterpillar

Der erste Prototyp, der das MTS-System unter realen Bedingungen testete, war das so genannte „BAT"-Mobil, das 1981 fertig gestellt wurde. Aus Gründen der Tarnung war das Gefährt rot, schwarz und gelb lackiert. Foto: Caterpillar

Nach dem Zusammenschluss der beiden Entwicklungsmannschaften entstand 1983 der stark modifizierte Trecker D6D SA, bei dem das MTS-System in Peoria und Arizona ausführlichen Tests unterzogen wurde. Foto: John F. Cooper Collection

Das sogenannte „Belt Track Test Bed" (BTTB) entstand in der Fabrik in Decatur auf Basis eines Graders 130G. Mit diesem Prototyp wurden die verschiedenen Antriebs-Konfigurationen getestet. Foto: Caterpillar

Mit dem Challenger 855X1-Trecker näherte sich das Entwicklungsprogramm im Februar 1984 langsam aber sicher seiner endgültigen Form. Noch hatte der Trecker die beiden Scheinwerfer aus dem Allradmodell, die dann aber bei den nächsten Prototypen eliminiert wurden. Foto: Altorfer Inc. Collection

rienstatus zu bringen. Beide Einheiten wurden Tausende von Stunden getestet, sowohl auf dem Testgelände als auch unter echten Bedingungen auf den Feldern in den westlichen USA. Alle möglichen Konfigurationen wurden erprobt, um am Ende der Kundschaft eine zuverlässige und funktionelle Kombination bieten zu können, die auch unter schwersten Bedingungen nicht ausfiel. Auch nachdem das Challenger-Design beschlossen war, blieben beide Einheiten im Dienst und stellten erst 1987 ihre Erprobungsfahrten ein.

Im Februar 1984 entstand der erste Challenger-Trecker mit Bandlauf-Fahrwerk als 855 X-1. Einige Wochen später folgte der 855 X-2. Jetzt nahm auch das Design langsam die endgültige Form an. Der Unterbau mit den Gummiraupen erreichte ebenfalls langsam die Serienversion. Während diese Trecker für den landwirtschaftlichen Einsatz entwickelt wurden, untersuchte eine andere Abteilung die Qualität der Bandlauf-Lösung für den militärischen Einsatz, was zum „Hard Mobile Launcher" (HML) führen sollte.

Während die Vorserien-Challenger getestet wurden, bauten die Caterpillar-Ingenieure einen anderen Trecker mit Bandlauf-Fahrwerk, der Super-BAT genannt wurde. Beim Super BAT handelte es sich um einen stark modifizierten D3B-LGP-S-Raupenschlepper, der mit Gummiraupen ausgerüstet war, die den Untergrund nur wenig verdichteten. Der 1985 mit Stahlketten gebaute Super-BAT wurde nur aus Gründen der Informationsbeschaffung als Einzelstück montiert.

Ende 1985 wurden die Challenger-Trecker in allen Teilen der USA erprobt, wobei das Schwergewicht im westlichen Teil des Landes lag. Als Challenger 65 wurde das Modell Ende 1986 auf den Markt gebracht, wobei die volle Produktion erst 1987 anlief. Der Trecker war das erste derartige Modell, das von Grund auf mit einem Bandlauf-Fahrwerk entwickelt worden war, das von Caterpillar Mobil-trac System (MTS) genannt wurde. MTS bestand aus Gummiraupen, die durch vier Lagen flexibler Stahlkabel verstärkt wurden und die von der Reibung zwischen den Ketten und den hinteren Rädern angetrieben wurden. Das System bot vor allem den Vorteil einer geringen Verdichtung des Bodens. Die mittleren Rollen wurden von einer Luftfederung gedämpft, was den Challenger buchstäblich über Unebenheiten auf den Feldern schweben ließ. Gleichzeitig bot der Challenger wesentlich weniger Schlupf als die Modelle mit Gummireifen.

Als Antriebsaggregat diente der Sechszylinder-Diesel Cat 3306, der dank Aufladung und Ladeluftkühlung 256 PS leistete. Die wurden über ein Getriebe übertragen, das zehn Gänge für den Einsatz auf dem Feld und beim Transport bot. Bei der idealen Feld-Geschwindigkeit von sechs bis zehn km/h standen sechs eng abgestimmte Gänge zur Verfügung. Der Challenger verfügte über ein Lenkrad, über dessen Einschlag eine hydrostatische Pumpe und ein Differenzial gesteuert wurden, die den Trecker zu einer wendigen Maschine machten. Wenn gewünscht, konnte der Challenger auf der Stelle wenden.

Dennoch hatte der Challenger im realen Einsatz auch seine Kinderkrankheiten, was vor allem das Antriebssystem der ersten ausgelieferten Trecker betraf. Doch Caterpillar stand hinter jeder Maschine und behob alle erdenklichen Defekte. Man hatte das Ziel, jeden Kunden zufrieden zu stellen, was auch dringend notwendig war, schließlich reagierte die Konkurrenz auf jede Schwäche und brachte die Nachricht sofort unter die eigene Kundschaft. Caterpillar musste schnell reagieren, um sich die Treue seiner Kunden zu sichern.

Ende 1990 brachte Caterpillar eine überarbeitete Version des ersten Challenger als 65B auf den Markt, dem der vollkommen neue Trecker 75 folgte. Der Challenger 65B unterschied sich kaum von seinem Vorgänger, verfügte aber über viele Verbesserungen im Detail,

Dieser Prototyp D6D SA Testtrecker ist das einzige noch existierende Exemplar der verschiedenen Prototypen. Das Modell wurde 1993 vom Caterpillar-Händler Ziegler in Minneapolis aus den Caterpillar-Beständen gekauft. Alle anderen Prototypen wurden später verschrottet. Foto: ECO

Der militärische Challenger

Es ist gewiss nicht überraschend, dass ein derart mobiler Trecker wie der Challenger auch beim Militär seine Liebhaber fand. Es dauerte jedoch einige Jahre, bis eine entsprechende Einheit entstand.

Bereits 1986 begann Caterpillar, die verantwortlichen Militärs mit dem Challenger-Trecker bekannt zu machen. Das Unternehmen befragte Armeeingenieure, was sie von einem zukünftigen Raupenschlepper erwarteten. Dabei kam heraus, dass man vor allem Mobilität erwartete, ohne einen Verlust der Bulldozer-Eigenschaften in Kauf nehmen zu müssen. Außerdem durfte der Schlepper nicht zu groß für die C130-Transportflugzeuge sein. Caterpillar begann 1987 mit einem selbst-finanzierten Entwicklungsprogramm, das 1987 eine erste Protypen-Einheit zur Folge hatte. 1988 stand die Testeinheit Caterpillar 30/30 Engineer Support Tractor auf ihren Raupen.

Der 30/30 war ausschließlich für militärische Zwecke entwickelt worden. Die Bezeichnung 30/30 bedeutete eine Höchstgeschwindigkeit von 30 Meilen (48 km/h) und ein Gewicht von rund 30.000 Pfund. Obwohl die Einheit die MTS-Technik nutzte, wurde sie für die militärischen Anforderungen und die zu erwartenden Geländeverhältnisse modifiziert. Die hinteren Antriebsrollen lagen weit über dem Boden, um so nicht von Schlamm und anderen Hindernissen beeinträchtigt zu werden. Gleichzeitig verlängerte sich so auch die Lebenszeit des Geräts. Der 30/30 verfügte über den Achtzylinder-Diesel Cat 3208, der in der „Reise"-Stellung 240 PS für eine Höchstgeschwindigkeit von 33 Meilen (52 km/h) vorwärts und 14 Meilen (22 km/h) rückwärts mobilisierte – im Arbeitszyklus standen 170 PS zur Verfügung, um so mit dem Standardschild arbeiten zu können. Die vorne montierte Fahrerkabine war mit schusssicherem Glas versehen.

Um die Kosten nicht ausufern zu lassen, stammten viele Teile des Prototyps von Serienmodellen. So kam das hintere Differenzial vom D8N Raupenschlepper, Gebläse, Kühler, Getriebe und Drehmomentwandler wurden der Planierraupe 615 entnommen, während die Kabine – leicht modifiziert – vom Radlader 936 stammte.

Der 30/30 wurde auf zahlreichen Militärbasen in den USA getestet, und auch die französische und britische Armee erprobten das Gerät. Wegen allgemeiner Einsparungen kam es jedoch nicht zu einer Produktion. Nur ein 30/30 wurde gebaut.

Im April stellte Caterpillar in Zusammenarbeit mit dem Tank-Automotive and Armaments Command (TACOM) zwei modifizierte Vorserienmodelle eines MTS-Treckers vor. Das Unternehmen nannte sein Modell „Deployable Universal Combat Earthmover", was beim Militär kurz und bündig „DEUCE" abgekürzt wurde. Das DEUCE-Programm wurde offiziell 1993 als Army-Angelegenheit mit der U.S. Army En-

Der Caterpillar 30/30 Engineer Support Tractor war der erste Versuch des Unternehmens, einen Dozer mit MTS zu bauen. Der 1988 fertig gestellte Prototyp konnte in einer C130 transportiert werden und wurde auch ausführlich getestet, erreichte aber nie die Serienproduktion. 30/30 steht für 30 Meilen Höchstgeschwindigkeit und ein Gewicht von 30.000 Pfund. Foto: Caterpillar

Im April 1996 bekam Caterpillar mit dem „Deployable Universal Earthmover (DEUCE) eine zweite Chance, einen militärischen MTS-Schlepper zu bauen. Das Gefährt bewährte sich dann auch so gut, dass die Militärs im August 1996 den Auftrag für den Bau des Schleppers gaben. Die Auslieferung der Einheiten begann 1997. Foto: Caterpillar

gineer School (USAES) auf den Weg gebracht. Neben Caterpillar waren noch andere Unternehmen an dem Programm interessiert, doch 1995 bekam Caterpillar das Startsignal für seine Entwicklung, die auf dem 30/30 aufbaute.

Der DEUCE ähnelte stark dem ursprünglichen 30/30, wobei er vielleicht einen etwas „grimmigeren" Eindruck machte. DEUCE wurde vom Cat 3126-Diesel angetrieben, der je nach Einsatzart 265 oder 185 PS leistete. Der Trecker konnte natürlich von einer C130 transportiert und von dort über dem Einsatzgebiet abgeworfen werden.

Nach erfolgreichen Erprobungen der beiden Vorserieneinheiten bekam Caterpillar im August 1996 den Produktionsvertrag für den DEUCE. Die Lieferungen sollten 1997 beginnen. Die ersten Modelle rollten am 9. September 1997 aus der Fabrik in Minneapolis, Minnesota. Die zivilen Challenger werden in De Kalb, Illinois, gebaut. Die ersten vier Serienmodelle wurden von der Army und Caterpillar Anfang 1998 getestet. Diese Trecker waren die ersten einer 36 Exemplare starken DEUCE-Einheit, die von der U.S.-Army bestellt worden waren. Ein weiteres Exemplar ging zu Erprobungszwecken an die kanadische Armee.

Der DEUCE ähnelte stark dem 30/30. Dank des hoch gesetzten Antriebsrades ließ sich das Modell auch in schwierigen Verhältnissen ausgezeichnet manövrieren. Die Fahrer konnten zwischen zwei Leistungsstufen wählen. 265 PS bei normalem Einsatz und 185 PS für Erdbewegungen. Die Höchstgeschwindigkeit liegt bei 53 km/h. Foto: Caterpillar

1996 machte der Challenger 85C dem Nachfolgemodell 85D Platz. Äußerlich hatte sich nicht viel geändert, allerdings verfügte das neue Modell dank des Cat 3196-Diesels nun über 370 PS. Foto: ECO

die vor allem die Zuverlässigkeit betrafen. Außerdem diente nun der Cat 3306-Diesel mit 285 PS als Antriebsaggregat. Der Challenger 75 wiederum war ein 65B mit einem stärkeren Cat 3176 ATAAC-Diesel mit 325 PS.

Beide Modelle wurden 1992 wiederum überarbeitet. Challenger 65C und 75C unterschieden sich vor allem durch das Design der Vorderräder. Nun gab es keine auf Stahlfelgen montierte Gummireifen mehr. An ihre Stelle waren Stahlräder getreten, über die die Bandlaufwerke liefen.

Im Jahre 1993 vervollständigte Caterpillar die Challenger-Baureihe mit zwei weiteren Modellen, dem 70C und 85C. Der 70C unterschied sich vom 65C vor allem durch das anders abgestimmte Getriebe. Der 70C hatte größere Spurbreiten, um mehr Traktion beim Zug eines Planierers zu erreichen. Der 85C war im Prinzip nichts anders als ein 75C mit 355 PS, die in den Gängen drei bis zehn zur Verfügung standen.

Von 1994 an brachte das Unternehmen die ersten Exemplare der D-Serie auf den Markt. Den Auftakt machte der 65D, dem 1996 75D und 85D folgten. Das Modell 70C bekam keinen D-Nachfolger und wurde 1995 aus der Produktion genommen. Die D-Serie unterschied sich von den Vorgängern in erster Linie durch mehr Leistung. Der 65D hatte nun 300, der 75D 330 und der 85D 370 PS.

Als sich der Markt gerade an die D-Serie gewöhnt hatte, überraschte Caterpillar seine Kunden mit der E-Serie, die im Herbst 1997 auf den Markt kam. Nun hatte sich auch das Design der Trecker deutlich geändert. Die alten Silhouetten sahen zwar gut aus, doch die gerundeten Linien der neuen Modelle boten modernes Styling. Zur neuen Serie gehörten der 65E, 75E und 85E sowie die ganz neue Baureihe 95E. Alle Modelle teilten das gleiche Fahrwerksdesign. Was sie unterschied waren die Triebwerke. Der 65E nutzte den Cat 3176C-Diesel mit 310 PS, während im 75E die selbe Maschine arbeitete, aber auf 340 PS kam. 85E und 95E wurden vom Cat 3196-Diesel angetrieben, wobei dem 85E 375 PS zur Verfügung standen, während der 95E von 415 PS angetrieben wurde. Der 95E war der erste Challenger-Trecker, der mehr als 400 PS leistete. Mit seinen Kraftreserven war der 95E auch bei schwersten Arbeiten auf den Feldern nicht in Verlegenheit zu bringen.

Neue Herausforderungen

Im Jahre 1994 verbreiterte Caterpillar die Challenger-Modellpalette, indem man kleinere Mobil-trac-Trecker auf den Markt brachte. Das MTS-System dieser Maschinen unterschied sich deutlich von den größeren Modellen. Als erstes fiel das große Hinterrad ins Auge. Damit konnten sich die Trecker auch in beengten Verhältnissen arbeiten. Dazu standen dem Chauffeur überdies 16 Vorwärts- und neun Rückwärtsgänge zur Verfügung. Das Design der Trecker war bereits ein erster Hinweis auf die neue E-Serie, die 1997 kam.

Zwischen 1991 und 1992 entwarf und baute Caterpillar drei Chassis, die die großen Hinterräder nutzten. Die ersten Erprobungen waren so ermutigend, dass man sich an eine Vorserie wagte. Im Juni 1993 stellte Caterpillar das erste Vorserienmodell als Challenger 55 vor. Auch wenn der Challenger 55 als Erster vorgestellt wurde, erreichte er nicht als erstes Modell die Kundschaft. Dies war den Modellen Challenger 35 und 45 vorbehalten. Der 55 kam erst 1995 ins Programm. Die Modelle 35 und 45 wurden vom Cat 3116-Diesel mit 145 beziehungsweise 170 PS angetrieben. Als das Modell 55 schließlich auf den Markt kam, verfügte es über den stärkeren Cat 3126-Diesel mit 191 PS. Wie die größeren Challenger unterschieden sich auch die kleineren Modelle in ihren Kraftwerken unter der Haube.

1997 vergrößerte Caterpillar das Angebot der kleineren Baureihe durch die Einführung von Treckern mit größeren Spurbreiten. Nun konnten die Kunden ihre Challenger ganz den persönlichen Bedürfnissen entsprechend anpassen – sei es für Pflanz- und Kultivierarbeiten oder Bodenbestellung.

Die kleinen wie auch die großen Challenger gehören zu den ausgefeiltesten Treckern, die man auf dem Markt kaufen kann. Der Cat MTS hat sich als gleichwertiger Konkurrent gegenüber den konventionellen Treckern mit Reifen erwiesen. Immerhin gelang es den Technikern des Hauses, dieses revolutionäre System im Laufe der Jahre immer weiter zu perfektionieren. Seine Leistungsfähigkeit hat auch Imitatoren auf den Plan gerufen. John Deere, der größte Produzent konventioneller Trecker, hat die Chancen dieses Systems erkannt und brachte Ende 1997 seine Version eines Treckers mit Bandlauf-Fahrwerk auf den Markt. Wie wir alle wissen, ist Imitation die höchste Form des Lobes...

Caterpillar stellte 1994 die neue Challenger-Baureihen 35 und 45 vor, denen bald das Modell 55 im Jahre 1995 folgen sollte. Das MTS-Antriebsrad hatte einen Durchmesser von 58 Zoll. Das Foto zeigt ein Vorserienmodell des 55 aus dem Juni 1993. Obwohl der 55 als erstes Modell der neuen Serie entstand, kam er als Letzter ins Lieferprogramm. Foto: Caterpillar

Das Modell 95E war im Jahr 2000 der stärkste Challenger-Trecker. Im Herbst 1997 vorgestellt, verfügte die Maschine über 410 PS, die der Sechszylinder-Diesel Cat 3196C lieferte. Äußerlich unterscheiden sich die Modelle der E-Serie kaum – es sind die inneren Werte, die den Unterschied machen. Foto: ECO

24H

10

GRÖSSE IST ALLES

Giganten für den Bergbau

Jahrzehnte lang hatte Caterpillar in der Welt des Bergbaus und der Steinbrüche weltweit eine bedeutende Rolle gespielt. Das Unternehmen schrieb Geschichte mit riesigen Raupenschleppern wie den Modellen D9 und D10. Doch im Segment der richtig großen Maschinen unter den Muldenkippern und Radladern stellten andere Unternehmen wesentlich größere Gerätschaften her.

Hersteller wie Euclid, Unit Rig, WABCO und Terex produzierten in den siebziger Jahren größere Lastwagen als Caterpillar. Das Cat-Angebot in der Klasse unter 100 Tonnen gehörte zum Besten, was man kaufen konnte. Doch darüber fehlte es einfach. Der Vorteil der Konkurrenz lag im Diesel-Elektroantrieb. Caterpillars Lastwagen boten sämtlich mechanische Antriebseinheiten, also eine ganz konventionelle Kombination aus Dieselmotor, Kardanwelle und Heck-Differenzial. Bei den Lastern der Konkurrenz übernahmen Generatoren und Elektromotoren in den Achsen oder in den Rädern die Kraftübertragung. Cat hatte sich in den sechziger Jahren ohne Erfolg an diese Technologie gewagt und wollte diesen Fehler nicht noch einmal machen. Sollte das Unternehmen einen großen Laster für den Bergbau entwickeln, dann nur mit einer mechanischen Kraftübertragung.

Anfang der achtziger Jahre begann Caterpillar mit der Entwicklung von Lastwagen in den gängigen Tonnenkategorien, für die ein echter Bedarf bestand. Man wollte sich nicht überhastet auf Neuland wagen und einen Lastwagen bauen, der schlicht zu groß war. So war es Terex mit dem 350-Tonner 33-19 ergangen, von dem 1974 nur ein Exemplar gebaut wurde. Caterpillar

Der Caterpillar 24H ist der größte Grader, den die Bergbau-Unternehmen finden können. Die 1996 vorgestellte Maschine ist für den Einsatz auf den Schotterstraßen der Tagebaubergwerke gedacht. Dank des knapp acht Meter breiten „Messers" leistet der 24H die Arbeit von zwei 16H-Gradern. Foto: Caterpillar

Angetrieben wurde der 24H von einem Zwölfzylinder-Diesel Cat 3412E, der 500 PS an die Antriebsräder abgibt. So lassen sich auch schwerste Arbeiten in den Minen zügig erledigen. Und mit einer Länge von gut 17 Metern ist er eine durchaus beeindruckende Erscheinung. Foto: ECO

näherte sich dem Thema große Lastwagen außerordentlich sorgfältig und methodisch, brachte sie erst nach Tausenden von Erprobungsstunden auf dem Testgelände auf den Markt. Modell um Modell machte der Konkurrenz langsam aber sicher Marktanteile streitig. Das Unternehmen musste Anfang der achtziger Jahre allerdings auch vorsichtig sein, denn wegen der weltweiten Rezession war Geld Mangelware geworden. Zunächst kümmerte man sich daher um das Segment der 130- bis 150-Tonnen-Laster, der damals beliebtesten Klasse.

Der 785 und 789

Im Mai 1983 schickte Caterpillar das erste Exemplar der neuen Laster-Generation, den 785, auf das Testgelände in Arizona, wo er ausführlich getestet wurde. Der 785 besaß eine große Ähnlichkeit mit der erfolgreichen

Mit der Erprobung der Vorserie des 785-Muldenkippers begann eine neue Ära bei den Minenlastwagen mit mechanischem Antrieb von Caterpillar. Der dem 777 sehr ähnelnde Laster konnte 150 Tonnen transportieren. Die Serienproduktion wurde im September 1984 aufgenommen. Foto: Caterpillar

777-Serie, hatte aber mit 150 Tonnen eine wesentlich größere Ladekapazität. Mit der entsprechenden Ausrüstung waren auch 195 Tonnen möglich. Angetrieben wurde der Truck von einem V12-Diesel mit 1290 PS, die über eine Cat-Sechsgang-Automatik übertragen wurden. Für Gefährte dieser Größenordnung benötigte man genau das Händlernetz, über das Caterpillar verfügte, wo Service und Teile in kürzester Zeit bereit gestellt werden konnten. Die Konkurrenz wusste, was auf sie zukam, sollte sich der Cat-Laster als Erfolg erweisen. Gegen eine so schlagkräftige Organisation würde es schwer werden, Marktanteile zu behaupten.

Im September 1984 rollte der Cat 785 auf den Markt, wo er trotz der wirtschaftlichen Rezession schnell seinen Platz fand. Innerhalb kürzester Zeit war der 785 Marktführer in seinem Segment und erfüllte alle Erwartungen, die das Unternehmen in ihn gesetzt hatte.

Bereits kurze Zeit nach der Markteinführung des 785 bereitete Caterpillar den nächsten Schlag in der nächst höheren Klasse vor. Lastwagen mit Ladekapazitäten von 170 bis 195 Tonnen hatten ihren festen Platz im Tagebau und stellten bei vielen Bergbaukonzernen den Kern der Flotte. Im Herbst 1986 konnten die Unternehmen nun auch einen Caterpillar ordern – den 789.

Äußerlich ähnelte der neue 789 seinem kleinen Bruder, war aber an allen entscheidenden Stellen eine Nummer größer. Ein V16-Diesel vom Typ Cat 3516 mit Aufladung und Ladeluftkühlung, kombiniert mit einer elektronischen Sechsgangautomatik sorgte mit 1705 PS für ausreichend Antrieb. Der im Herbst vorgestellte 789 war – das überraschte niemanden mehr – auf Anhieb ein großer Erfolg.

Als der 785 im Herbst 1984 auf den Markt kam, war er auf Anhieb erfolgreich. Dank der 1290 PS, die der Zwölfzylinder-Diesel Cat 3512 bereit stellte, war der Muldenkipper auch voll beladen vergleichsweise schnell unterwegs. Foto: Caterpillar

Die beiden Modelle bewährten sich von Anfang an und wurden erst im Herbst 1992 gründlich überarbeitet als „B-Modelle" lanciert. Die beiden Versionen wurden nun von Motoren des Typs Cat 3512 beziehungsweise 3516 angetrieben, die über elektronische Einspritzung verfügten, was die Verbrauchswerte deutlich verbesserte. Die Leistungsdaten blieben wie auch die Ladekapazität unverändert. Der Absatz im Ausland glich den wegen der wirtschaftlichen Probleme Anfang

Mit dem 793 wagte sich Caterpillar 1991 in das Segment der 240-Tonnen-Kipper. Zu seiner Zeit war das Modell der größte mechanisch angetriebene Laster überhaupt. Bis zu jenem Zeitpunkt verfügten alle Laster dieser Kategorie über Diesel-Elektroantrieb. Foto: Caterpillar

Nach dem Erfolg der 785-Baureihe wagte sich Caterpillar 1986 mit dem 789 an ein noch größeres Modell. Ein 16-Zylinder-Diesel Cat 3516 brachte 1705 PS an die Räder des 195-Tonners. Foto: ECO

Einer von drei speziell für einen Tagebau in der Nähe von Bismarck, North Dakota, gebauten 789B-Schlepper mit nach unten öffnendem Anhänger. Die im Juli 1995 ausgelieferten Fahrzeuge waren für Lasten von 290 Tonnen ausgelegt, konnten aber auch mehr als 300 Tonnen bewegen. Die Fabrik in Decatur lieferte die Schlepper, die dann vom Händler in Bismarck mit dem Anhänger kombiniert wurden. Foto: ECO

der neunziger Jahre nachlassenden Verkauf in den USA mehr als aus. Zum Kummer der Konkurrenz verkauften sich die großen Laster hervorragend.

Mitte 1998 wurden die beiden Laster noch einmal überarbeitet und kamen nun als „C-Serie“ zu den Kunden. Unter den Hauben arbeiteten nun Motoren der Typen Cat 3512B beziehungsweise 3516 EUI. Der 785C leistete 1348, der 789C 1791 PS. Bei der Ladekapazität gab es keine Änderungen.

Innerhalb der ersten beiden Produktionsjahre entwickelten sich die beiden Laster zu Marktführern in ihren Segmenten. Und daran hat sich bis heute nichts geändert.

Der 793

In der 240-Tonnen-Klasse über der 789-Serie dominierten die gigantischen Trucks mit Diesel-Elektroantrieb von Herstellern wie Dresser (jetzt Komatsu), Unit Rig und Wiseda. Es schien allen Experten unvorstellbar, in diesem Bereich Laster ohne diese Antriebsart entwickeln zu können. Alle waren davon überzeugt – bis auf Caterpillar.

Der neue 240-Tonnen-Laster 793 war der größte Lastwagen mit konventioneller mechanischer Kraftübertragung, als er im Januar 1991 aus der Fabrik in Decatur zu den ersten Kunden rollte. Niemand hatte geglaubt, dass ein Gefährt mit derart gigantischen Ausmaßen von einer mechanischen Automatik und hinterem Differenzial bewegt werden konnte – mit Ausnahme von Caterpillar. Die neue Sechsgang-Automatik übertrug die 2057 PS des bewährten 3516-Diesel. Der 793 hatte ein ansprechendes Design und verfügte zum ersten Mal über eine vor dem riesigen Kühler montierte Leiter, die es dem Chauffeur erleichterte, ins Führerhaus zu steigen, und auch den Servicekräften die Arbeit leichter machte. Die ersten Exemplare der neuen Serie wurden von den Ingenieuren der Firma sehr genau beobachtet, schließlich hatte Caterpillar einen Ruf zu verlieren. Jeder Fehler, davon konnte man ausgehen, würde von der Konkurrenz an die Kundschaft weitergereicht und entsprechend ausgeschlachtet werden.

Obwohl sich der 793 bewährte, wurde er natürlich nicht von den für eine neue Entwicklung typischen Kinderkrankheiten verschont. Diese wurden im Herbst 1992 mit der B-Serie des 793 behoben. Der neue Laster bekam nun auch den 3516-EUI-Diesel, der auch im 789 Dienst tat. Außerdem verfügte der 793B über die zweite Generation der Sechsgang-Automatik, mit der die

Mitte 1996 kam der 793C in den Handel. Angetrieben wurde der Laster von dem stärkeren Motor 3516B EUI, der es auf 2166 PS brachte. Der 240-Tonner ist inzwischen weltweit der sich am besten verkaufende Kipper seiner Klasse. Foto: ECO

Der 793 wurde 1992 zum 793B aufgewertet. Dabei war die größte Veränderung die Montage des Cat 3516-EUI-Diesel. Die elektronische Einspritzung verminderte die Umweltbelastung und verbesserte zugleich die Zuverlässigkeit der Maschine. Leistung und Ladekapazität blieben unverändert. Foto: ECO

CATERPILLAR
793B
793B
220

Am 29. September 1998 wurde der gigantische 797 in der Fabrik von Decatur offiziell der Welt vorgestellt. Nach der Zeremonie wurde das Vorserien-Fahrwerk wieder demontiert und zu Testzwecken auf das Erprobungsgelände in Arizona transportiert, wo man es wieder zusammensetzte, um von November an mit den Testfahrten zu beginnen. Foto: ECO

Schwächen der ersten Serie beseitigt wurden. Die neue Serie besaß nun eine zuverlässigere Kraftübertragung, sanftere Schaltung und eine elektronische Drehmomentkontrolle für die Vorwärts- und Rückwärtsgänge. Nach dieser Überarbeitung war der 793 nicht mehr zu stoppen. Mitte 1996 waren 550 Exemplare der beiden Serien bei den Bergbauunternehmen in aller Welt im Einsatz und übertrafen damit den bisherigen Bestseller, den Komatsu Dresser 830E. Der war zwar ein starker Konkurrent, hatte aber zusehends Schwierigkeiten, sich gegen den Caterpillar durchzusetzen.

Das Unternehmen verstärkte noch den Druck, indem der Erfolgstyp Mitte 1996 als 793C auf den Markt rollte. Unter der Haube leistete der verbesserte 3516B-EUI-Diesel nun 2166 PS. Die Ladekapazität blieb bei 240 Tonnen. Außerdem wurden die Hydraulik, das Getriebe und das elektronische Diagnose-System verbessert.

Der 797

Mitte der neunziger Jahre tauchten die ersten Laster einer ganz neuen Kategorie auf dem Markt auf, die man auch Ultra-Laster nannte. Diese Zweiachser waren mit dem Ziel entwickelt worden, Lasten bis zu 300 Tonnen und mehr zu transportieren. Caterpillar hatte bereits frühzeitig beschlossen, auch in dieser Klasse mitzuspielen und kam, kurz nachdem Komatsu den AC 930E Haulpack vorgestellt hatte, mit einem wahren Giganten zu den Kunden.

Am 29. September 1998 enthüllte das Unternehmen in der Fabrik in Decatur, Illinois, einen wahrhaft zyklopenhaften Truck, den 797. Der 797 ist nicht einfach groß, er ist riesig. In seiner gigantischen Lademulde im Heck konnten 360 Tonnen transportiert werden.

Vom ersten Konzept bis zum rollenden Prototyp vergingen gerade 18 Monate. Bei der Entwicklung nutzten die Caterpillar-Techniker die modernste 3-D-Software, die es auf dem Markt gab. Der Truck benötigt allein acht Computer an Bord, um alle vitalen Funktionen ständig zu kontrollieren. Während die anderen Cat-Laster viele Entwicklungen teilten, stellte der 793 eine komplette Neukonstruktion dar.

Angetrieben wird der 797 vom neu entwickelten Diesel Cat 3524B EUI mit vier Turboladern und Ladeluftkühlung, der im Giganten 3224 PS leistet – bei gerade 1750 Umdrehungen. Bei dem Aggregat handelt es sich um zwei aneinander gekoppelte 3512-Motoren, die wiederum ihre Kraft über eine elektronisch kontrollierte Siebengang-Automatik und ein hinteres Differenzial verteilen. Viele Experten hielten ein derartiges Kraftwerk für nicht realisierbar, doch Caterpillar blieb seiner Linie – dem mechanischen Antrieb – treu und bewies das Gegenteil.

Der Rahmen des 797 besteht im Gegensatz zum 793C aus niedrig karbonisiertem Stahl. Vor dem elektronischen Schweißen werden zudem neun Gussstücke angefertigt. Der Rahmen des 797 mit Gussstücken an den kritischen Stellen benötigt wesentlich weniger Schweißpunkte und ist dennoch äußerst steif und damit für alle erdenklichen Ladungen geeignet.

Der Gigant rollt als einer der Ersten seiner Art auf riesigen 63-Zoll-Felgen. Bisher waren 57 Zoll große Felgen in dieser Klasse Standardausrüstung. Caterpillar arbeitete bei der Entwicklung der Reifen eng mit Michelin zusammen. Der Truck rollt auf Reifen der Dimension 55/80R63, die nicht nur der Last von 360 Tonnen, sondern auch der Höchstgeschwindigkeit von 64 km/h gewachsen sind.

Im November 1998 begann der erste 797 seine Erprobung auf dem Testgelände in Arizona, dem ein Monat später das zweite Exemplar folgte. Im Juni 1999 schließlich gingen die ersten Modelle an große Bergbauunternehmen in den USA, wo sie bis zum Start der Serienproduktion im Jahre 2000 ausführlich getestet wurden.

Im Dezember 1998 kam ein zweiter Vorserien-797 auf das Testgelände von Arizona. Der Gigant rollt auf Reifen der Dimension 55/80R63, die auf 63-Zoll-Felgen montiert sind. Mit einer Breite von gut zehn Metern ist der 797 einer der breitesten Laster überhaupt. Foto: Caterpillar

Der 994

Ende der achtziger Jahre begann Caterpillar mit der Entwicklung eines Radladers, der doppelt so groß war wie der 992C. Das neue Modell, der 994, war in erster Linie für den Einsatz im Tagebau gedacht. Die beiden bereits unter der Typennummer 994 geführten Konzepte hatten mit dem neuen Radlader nichts gemeinsam. 1989 entstand der erste Prototyp im neuen Mining Vehicle Center (MVC), das seine Heimat in der Fabrik in Decatur gefunden hatte. Im September 1990 wurde das Gefährt zu ausführlichen Tests in den Tagebau der Cyprus Sierrita Kupfermine gebracht, die praktischerweise direkt neben dem Cat-Testgelände in Arizona liegt.

Der 994 war der größte jemals von Caterpillar gebaute Radlader. In seine Schaufel passten 17 Kubikmeter, was ihn zu einem der Giganten seiner Gattung machte. Wie die Trucks, so verfügte auch der 994 über einen mechanischen Antrieb, für den der Cat 3516 EUI-Diesel mit 1250 PS sorgte. Der Motor hatte sich bereits in den Trucks 789 und 793 bewährt. Als Getriebe wurde eine Dreigang-Automatik eingesetzt.

Der 994 kam für eine ganze Reihe von Aufgaben in Frage. So konnte er einen 150-Tonner in vier, einen 195-Tonner in fünf bis sechs und einen 240-Tonner in sieben Anläufen beladen, wenn er mit dem langen Ladearm ausgerüstet war. Er konnte aber auch einspringen, wenn ein Schaufelradbagger ausfiel, um so die Produktion zu sichern. Und wenn der Schaufelbagger wieder arbeitet, kann der Radlader an einer anderen Stelle eingesetzt werden. Seine Mobilität ist eine der Stärken des Laders.

In den ersten Monaten litt der 994 unter der schlechten Reifenqualität. Die ursprünglich montierten Exemplare (49.5-57 68 L-4) waren für die Größe und die Leistungsfähigkeit des Laders nicht geeignet, doch weil es keine andere Wahl gab, musste man auf die modifizierten Lastwagenreifen zurückgreifen. Bald brachten die Reifenhersteller jedoch neue Lösungen auf den Markt (53.5/85-57), die ausschließlich für Radlader entwickelt worden waren. In den ersten Jahren wurde der 994 ständig weiter verbessert, wozu auch größere Reifen (55/80R57), verstärkte vordere Aufhängungen und Ladearme sowie verbesserte Kühlung und größere Schaufeln gehörten.

Im Dezember brachte Caterpillar ein überarbeitetes Modell des Laders, den 994D, auf den Markt, der sich äußerlich mit Ausnahme des Typenschildes und einem neuen Auspuff kaum von seinem Vorgänger unterschied. Die Neuerungen waren im Innern versteckt. Da arbeitete jetzt ein modifizierter 3516 EUI-Diesel mit 1250 PS.

CATERPILLAR
797
CAT

Gleichzeitig waren auch die besonders belasteten Stellen des Ladearms und der Rahmen verstärkt worden. Der Chauffeur suchte beim 994D vergeblich nach einem Lenkrad. Gesteuert wurde der Lader nun über einen Joystick, der auf der linken Seite montiert war. Die Einheit nannte sich „Steering and Transmission Integrated Control" (STIC) und kann in andere 994-Lader nachgerüstet werden. Nach der gründlichen Überarbeitung wiegt der 994D nun stattliche 211 Tonnen.

Der 994 entwickelte sich schnell zum best-verkauften großen Radlader der Welt. Bis zur Vorstellung des 994D wurden 200 Exemplare des Vorgängers verkauft. Trotz der starken Konkurrenten von LeTourneau und Komatsu hat sich der 994D in allen nur erdenklichen Einsätzen bewährt.

Es gibt große Lastwagen – und dann gibt es noch den 797, der sie alle überragt. Der 360-Tonner ist der größte Laster der Welt mit mechanischem Antrieb. Die Antriebskraft liefert ein 24-Zylinder-Diesel Cat 3524B, der 3224 PS zur Verfügung stellt. Voll beladen kommt der Gigant auf ein Gewicht von 615 Tonnen.
Foto: Caterpillar

Der 5130 und 5230

Im Oktober 1992 stellte Caterpillar auf der MINExpo in Las Vegas der Industrie eine neue Modellreihe hydraulischer Bagger vor – die 5000-Serie. Als erster Vertreter stand der 5130FS auf der Ausstellung, der fast doppelt so groß war wie die bisherigen Typen der 245-Baureihe – bis zu jenem Zeitpunkt der größte Bagger des Unternehmens. Zunächst verfügte der 5130 über eine 8,4-Kubikmeter-Schaufel und einen Cat 3508 EUI-Diesel, der 700 PS leistete. Nach einigen harten Testeinsätzen wurde der Bagger Anfang 1994 gründlich überarbeitet. Diese Modifikationen verbesserten sowohl die Zuverlässigkeit als auch die Leistungsdaten. Der 3508 kam nun auf 815 PS und die Schaufel verfügte nun über eine Kapazität von 10,5 Kubikmetern. Gleichzeitig waren die Gussstücke an den besonders belasteten Stellen verstärkt worden, was das Gewicht der Einheit auf 187 Tonnen steigen ließ. Bis zum Ende des Jahren kamen nochmal fünf Tonnen hinzu.

Ende 1993 wurde der Hochlöffelbagger 5130 ME in Dienst gestellt. Ausgestattet entweder mit einer sechs oder 10,5 Kubikmeter fassenden Schaufel war der 5130ME bei den Kunden sehr beliebt. Das Gewicht der Maschine lag bei 195 Tonnen. Beide Modelle waren passend für Lastwagen der 65- bis 100-Tonnen-Klasse ausgelegt. Obwohl sich beide Modelle gut verkauften, hatte die vielseitige ME-Version weltweit den größeren Zuspruch.

Im Juli 1997 brachte Caterpillar den verbesserten 5130B auf den Markt, der nun dank des überarbeiteten 3508 EUI-Diesels über 800 PS verfügte. Die Schaufel des Hydraulik-Baggers fasste elf Kubikmeter. Bei der Hochlöffel-Variante kamen Schaufeln von 10,4 bis 18 Kubikmetern zum Einsatz. Weil die größeren Kapazitäten entsprechende Verstärkungen notwendig machte, wuchs das Gewicht der Einheit je nach Variante auf bis zu 200 Tonnen. Zunächst kam der Hochlöffelbagger 5130 ME auf den Markt. Die Frontschaufel-Version kam im Oktober 1997.

Um einen Giganten wie den 797 zu beladen, benötigt man das entsprechende Gerät. Das Foto zeigt einen 797, der im nördlichen Alberta (Kanada) von einem Harnischfeger P&H 4100TS beladen wird. Der Bagger ist so ausgerüstet, dass er die Ladefläche des 797 in vier Durchgängen füllen kann. Foto: Harnischfeger

Der große Lader wurde im Dezember 1998 zum 994D aufgewertet. Die neue D-Serie wurde von etwas stärkeren 3516B-Diesel mit 1250 PS angetrieben. Die Kapazität der Schaufel blieb unverändert. Allerdings erleichterte die neue Joystick-Kontrolle die Arbeit in der Fahrerkabine. Foto: Caterpillar

Nach dem Erfolg des 5130 brachte Caterpillar 1994 den noch größeren 5230 auf den Markt. Der im August 1994 vorgestellte hydraulische Bagger war eine der größten Maschinen für Erdbewegungen, die das Unternehmen jemals hergestellt hatte. 1995 kam mit dem 5230ME auch die Schleppschaufel-Version zu den Kunden. Angetrieben wurden die beiden Maschinen vom Cat 3516 EUI-Diesel mit vier Turboladern und Ladeluftkühlung, was eine Leistung von 1470 PS ergab. Die Frontschaufel konnte 17, der Hochlöffelbagger 15 Kubikmeter laden. Für den Kohlebagger gab es eine 24 Kubikmeter fassende Schaufel. Die beiden Varianten brachten es auf beachtliche 346 Tonnen. Bis 1997 stiegen die Werte auf 350 bzw. 348 Tonnen.

Die großen Cat-Bagger bildeten natürlich mit den großen Trucks des Konzerns eine perfekte Kombination. Der 5230FS kann den 785C in fünf, den 789C in sechs und den 793C in acht Gängen beladen. Doch beim 797 muss der 5230 passen – der Laster ist selbst für diesen Giganten zu groß. Am produktivsten ist der 5230, wenn Laster der 100- bis 150-Tonnen-Klasse beladen werden müssen.

Mitte 2000 kam schließlich der 5230B mit einem verbesserten Cat 3516 EUI-Diesel und einer ganzen Reihe von weiteren Modifikationen auf den Markt. Die Schaufelkapazität blieb unverändert.

Als der 797-Truck präsentiert wurde, schien es nur eine Frage der Zeit zu sein, bis Caterpillar einen passenden Bagger produzieren würde. 1995 begann das Unternehmen dann auch mit der ersten Entwicklungsphase für das 54XX-Projekt. Da schien es noch, als hätten Bagger mit 22-Kubikmeter-Schaufeln eine glänzende Zukunft. Doch irgendwie hatten das die Bergbauunternehmen vor allem in den USA wohl nicht realisiert. Nachdem mit derartigen Gerätschaften nicht ausreichend Geld zu verdienen war, wurde die Entwicklung des 54XX auf Eis gelegt. Schließlich verlangten die anderen Modelle der 5000-Serie und die kleineren

Die Schaufel des 994 hat eine Kapazität von 15 Kubikmetern. Die breiteste lieferbare Schaufel hat eine Breite von knapp sieben Metern. Foto: Caterpillar

Folgende Seiten:
Als er 1990 auf den Markt kam, war der Radlader 994 die größte Maschine ihrer Art, die das Unternehmen jemals gebaut hatte. Angetrieben wird der Riese von einem 16-Zylinder-Diesel (Cat 3516), der 1250 PS leistet. In die Schaufel der abgebildeten Maschine passen 30 Kubikmeter. Eingesetzt wird der Lader in einem Tagebau in Wyoming. Foto: ECO

CAT
994

1997 wurde aus dem 5130 der 5130B. Der 5130B FS hatte eine Kapazität von zehn Kubikmetern. Als Hochlöffelbagger (5130B ME) kam er auf neun Kubikmeter. Der Cat 3508B-Diesel leistete 800 PS. Foto: ECO

Ende 1992 wagte sich Caterpillar mit dem 5130 in ein neues Segment. Das erste Exemplar der neuen Baureihe wurde von einem Cat 3508-Diesel 775 PS angetrieben. Foto: Urs Preyer

1994 kam dann der 5230 auf den Markt, der speziell für den Tagebau gedacht war. Als Motor diente das äußerst zuverlässige Aggregat, das sich bereits in den Modellen 789, 793 und 994 bewährt hatte. Der 3516 EUI leistete 1470 PS. Foto: Caterpillar

5080- sowie 5110-Modelle auch noch die ganze Aufmerksamkeit der Entwicklungsabteilung. Doch sollte der Markt danach verlangen, wird Caterpillar ohne Zweifel mit einem passenden Modell zur Stelle sein.

Der 24 H

Für ein Unternehmen, das mit dem Auto Patrol 1931 den ersten motorisierten Grader gebaut hat, ist es im neuen Jahrhundert eine Selbstverständlichkeit, das größte Modell aller Zeiten zu entwickeln. Die Entwicklung des 24H begann wie bei den Modellen 994 und 793 im MVC, wo er Anfang der neunziger Jahre noch unter der Bezeichnung 18H lief. Doch bald war allen Beteiligten klar, dass die neue Maschine wesentlich größer werden musste, um die Aufgaben zu erfüllen, die Caterpillar ins Auge gefasst hatte.

Der 24H war vor allem für die Pflege der Straßen im Tagebau gedacht. Je mehr Lastwagen von den Unternehmen eingesetzt wurden, desto mehr Straßen mussten gebaut und unterhalten werden. Die Straßen werden von den riesigen Lastern allerdings über alle Maßen belastet, so dass

Maschinen wie der 24H benötigt werden, um sie auf möglichst wirtschaftliche Art und Weise intakt zu halten. Mit seinem acht Meter breiten Hobel kann der 24H ungefähr 2,5 Mal schneller arbeiten als der nächst größere Grader von Caterpillar, der 16H mit seinem gut fünf Meter breiten Hobel. Statt sechs 16H benötigen die Unternehmen nur noch drei 24H-Einheiten. Trotz des höheren Kaufpreises machte sich der 24H bald bezahlt.

Angetrieben wird der 24H vom Cat-Diesel 3412E HEUI mit 500 PS. Mit dieser Leistung bei einem Gewicht von knapp 70 Tonnen vermag der 24H auch schwierigste Bodenverhältnisse zu meistern.

Der Testbetrieb des 24H nahm fast das ganze Jahr 1995 in Anspruch. Die erste Maschine wurde Ende 1995 an die Eagle Butte Kohlenmine in Wyoming ausgeliefert. Im Frühjahr 1996 begann dann der offizielle Verkauf. Der 24H ist praktisch ohne Konkurrenz auf dem Markt. Am nächsten kommt ihm höchstens der 16H. Es gab nur einige wenige größere Gerätschaften wie den Champion 100T und den Acco Giant Grader, doch beide Maschinen verschwanden bald wieder vom Markt, so dass der 24H einsam das Segment der wirklich großen Grader beherrscht.

Für den Einsatz in Kohlebergwerken wurde der 5230ME entwickelt. Die Schaufel des 1995 vorgestellten Modells hat eine Kapazität von 14 Kubikmetern. Foto: Caterpillar

11

WELTWEITER WETTBEWERB

Die neue Organisation macht sich bezahlt

Am Ende des 20. Jahrhunderts war aus Caterpillar ein weltweit operierendes Unternehmen geworden. Der Konzern beschränkte sich nicht nur darauf, in den USA für den heimischen Markt zu produzieren und die Produkte „nebenbei" noch in andere Länder zu verkaufen, man hatte sich vielmehr mit einer eigenen Händlerstruktur und internationalen Kooperationen sowie Produktionsstätten auf allen bedeutenden (und auch weniger bedeutenden) Märkten der Welt etabliert. Dies stand am Ende einer langwierigen Entwicklung, wobei auch mitunter für die Betroffenen bittere Entscheidungen getroffen werden mussten, um Caterpillar in einer wettbewerbsfähigen Position zu halten.

Mit der weltweiten Rezession, die 1982 begann, setzte bei Caterpillar ein Umdenken ein. In jenen Jahren mussten sich die großen Drei in Detroit, Ford, Chrysler und General Motors, mit allen Mitteln der Importe, vor allem aus Japan, erwehren. Zwischen 1981 und 1985 hatte der unterbewertete Yen die japanischen Hersteller begünstigt, was sich hauptsächlich in den Preisen ausdrückte. Diesem neuen Wettbewerb musste sich natürlich auch Caterpillar in den Zeiten der Rezession stellen. Die Erzeugnisse des Unternehmens waren traditionell etwas kostspieliger als die Produkte der Konkurrenz. Auf der anderen Seite übertraf Caterpillar ebenso traditionell die Angebote der Mitbewerber auf den Gebieten der Technik, beim Händlernetz, der Verfügbarkeit der Ersatzteile und der Gewährleistung. Doch das kostet viel Geld, und daher musste das Unternehmen, wollte man nicht wie viele andere Firmen der Branche untergehen, schlanker werden.

Caterpillar entfernte sich mit dem im September 1996 auf der MINExpo in Las Vegas vorgestellten Radlader 992G von seinen bisherigen Entwicklungen. Der 992G verfügte nur noch über einen Arm, mit dem die Schaufel bedient wurde. Als Antriebsaggregat wählte man den 16-Zylinder-Diesel Cat 3508 EUI, der 800 PS leistete. Foto: Urs Peyer

Der 854G ist ein weiterer Weltrekordler im Caterpillar-Lieferprogramm. 1999 vorgestellt, ist er der größte und mit 800 PS auch leistungsstärkste Dozer, den Bergbauunternehmen bestellen konnten. Die zunächst als Tiger 790G bezeichnete Maschine baut auf dem Radlader 992G auf. Foto: Caterpillar

In den Zeiten der Rezession wurde der Konzern von Lee L. Morgan geführt, der freilich keine leichte Aufgabe zu erfüllen hatte. Zum ersten Mal in 50 Jahren schrieb Caterpillar rote Zahlen. Streiks machten die Arbeit nicht unbedingt leichter. Doch Morgan setzte sich durch mit seinen Plänen, Produktionsanlagen und Personal zu verringern. Sollte das Unternehmen überleben, waren Opfer notwendig. Wobei allerdings die Abteilungen Forschung und Entwicklung von den Einsparmaßnahmen ausgenommen wurden.

Parallel zu den Einsparungen auf den Gebieten Personal und Produktion wurden neue Geschäftsbeziehungen mit anderen Herstellern geknüpft. So wurden die Baureihen ausgeweitet, konnten mehr Maschinen angeboten werden, vor allem in den Segmenten für kleinere Geräte. Um die großen Umwälzungen auch nach außen deutlich zu machen, wurde der Name von Caterpillar Tractor Company in Caterpillar Inc. geändert. Bereits seit einigen Jahren war das Unternehmen mehr als ein Schlepper-Unternehmen. Dies zeigte nun auch der neue Name. 1989 wurde auch das Markenzeichen entsprechend neu gestaltet.

1990 trat Donald V. Fites an die Spitze des Unternehmens und führte weitere Strukturveränderungen im Konzern durch. In den neunziger Jahren wurden alle geschäftlichen Aktivitäten neu gestaltet. Nun bestand der Konzern aus 13 Profit-Centers und vier Servicezentren. Gleichzeitig wurden die Entscheidungsprozesse gestrafft, um so besser und schneller auf Kundenwünsche reagieren zu können. Die bereits in den achtziger Jahren begonnenen Modernisierungen und Verbesserungen wurden weiter vorangetrieben. Insgesamt investierte Caterpillar in diesen Bereich 1,8 Milliarden Dollar, die offensichtlich gut angelegt waren, denn die Zeit zwischen Mitte und Ende der neunziger Jahre erwies sich als die profitabelste des

Unternehmens. Bis dahin waren allerdings harte Opfer von der Belegschaft verlangt worden. Auf jeden Fall war Caterpillar, als die Wirtschaft wieder Fuß fasste, ein gesundes Unternehmen.

In den neunziger Jahren brachte Caterpillar neue Produkte mit Rekordgeschwindigkeit auf den Markt. Gleichzeitig wurde der Motorenbau eine der gewinnträchtigsten Abteilungen. Der Konzern baute Diesel-Aggregate nicht nur für Lastwagen und schweres Gerät, sondern auch für Generatoren, Marine- und Industrieeinsätze sowie Lokomotiven. 1981 erwarb der Konzern die Turbinenabteilung von International Harvester und verfügte nun über eine komplette Palette von starken Gasturbinen. Mit dem Kauf des deutschen Unternehmens MaK Motoren GmbH im Jahre 1996 vergrößerte Caterpillar sein Motorenangebot weiter. Im Dezember 1997 kaufte Caterpillar mit Perkins einen renommierten Hersteller von kleineren Dieselmotoren, der vorher zum britischen Lucas-Konzern gehört hatte. Nun hatte Caterpillar die komplette Kontrolle über alle Aggregate, die in den Geräten des Hauses montiert wurden.

Die neunziger Jahre waren auch ein bedeutender Einschnitt im Bereich der Straßenbaumaschinen des Konzerns. Bereits 1984 war das Unternehmen mit CMI Corporation aus Oklahoma eine Verbindung eingegangen, um derartige Produkte herzustellen. Diese Verbindung wurde 1987 wieder gekappt, wobei es Caterpillar allerdings gelang, die Technologie von CMI zu erwerben, um weiter Maschinen für diesen Bereich produzieren zu können. Gleichzeitig erwarb Caterpillar das CMI-Tochterunternehmen RayGo Inc. in Minnesota, so dass der Konzern nun über eine komplette Modellpalette von Bodenverdichtern verfügte. Die Abteilung Asphalt wurde zusätzlich erweitert, als im April 1991 das Unternehmen mit Barber-Greene ein weltweit führendes Unternehmen in diesem Segment erwerben konnte. Barber-Greene war 1916 gegründet worden und hatte 1931 die erste Straßenbaumaschine auf den Markt gebracht. 1958 entwickelte die Firma den ersten Asphal-

Unter den Modellen der 300er-Serie ist der 375L der größte hydraulische Bagger. Dem Gerät stehen bei der Arbeit 428 PS zur Verfügung. Foto: ECO

Die Bagger des Unternehmens können mit einer Vielzahl von zusätzlichen, ganz auf den gewünschten Einsatzzweck ausgerichteten Zubehör-Gerätschaften bestellt werden. Foto: Urs Peyer

Es ist schwer, die Kombination aus einem Muldenkipper der Baureihe D400E Series II und dem Hydraulik-Bagger 365B LME zu schlagen. Der Bagger verfügt über eine Leistung von 374 PS. Foto: Urs Peyer

tierer, der sich bei seiner Arbeit auf Ketten bewegte und die nächste Baustelle auf Rädern erreichen konnte. Noch heute werden die Straßenbaumaschinen unter dem Markennamen Barber-Greene verkauft.

Zwar konnte Caterpillar in den neunziger Jahren zahlreiche Erfolge feiern, doch bei den Gabelstaplern blieb der Firma dies versagt. 1965 war der Konzern in dieses Segment mit dem Kauf von Towmotor eingestiegen, einem 1919 gegründeten Unternehmen und Pionier in dieser Branche. Obwohl sich die Towmotor-Produkte gut verkauften, lag man ständig an dritter Stelle hinter den Marktführern Hyster und Yale. Im Juli 1992 ging Caterpillar daher eine Verbindung mit Mitsubishi Heavy Industries Ltd. ein, um sich aus diesem Markt zurückzuziehen. Die daraus entstandenen Unternehmen Mitsubishi Caterpillar Forklift (MCF America und MCF Asia Pte Ltd. und MCF Europe B.V.) wurden zu 80 Prozent von Mitsubishi kontrolliert. 1998 willigte Mitsubishi Heavy Industries ein, die volle Verantwortung für die Entwicklung aller Gabelstapler in einem Joint Venture zu übernehmen. 1999 wurde die neue Verbindung abgeschlossen.

In den neunziger Jahren unternahm Caterpillar erhebliche Anstrengungen, große Gerätschaften für die Bergbauindustrie herzustellen und zu vermarkten. Diese Abteilung wurde im Juli 1997 noch weiter gestärkt, als man die Rechte für die Produktion der großen Radlader des australischen Unternehmens Tiger Engineering Pty, Ltd., erwarb. Tiger hatte auf Wunsch der Mount Newman Mining of Western Australia zusammen mit Caterpillar Industrial Products Inc. 1980 den ersten eigenen Radlader mit Gummibereifung entwickelt. Das erste Modell, der 690A, basierte in groben Zügen auf dem Cat 992C-Radlader. Der erste 690A ging 1982 an den Kunden.

Die Tiger-Produkte wurden schon immer vom Caterpillar-Händlernetz verkauft und gewartet. Zunächst verliefen die Geschäfte eher schleppend, doch mit dem 1985 vorgestellten Modell 690B stiegen die Stückzahlen deutlich. Die wichtigste Veränderung war die Übernahme des Drehmomentwandlers aus dem 773B-Laster. Dadurch wurde die Zuverlässigkeit des Tiger 690B deutlich verbessert. 1993 folgte der 690D dem 690B, nachdem Caterpillar den 992D auf den Markt gebracht hatte. Der 690D übernahm den vorderen Rahmen des D10N-Dozer. Der größte Einschnitt war jedoch der Einsatz des STIC-Systems, mit dem das Lenkrad abgelöst wurde, was die Chauffeure außer-

Der Caterpillar 5080 FS, der Ende 1993 ins Lieferprogramm aufgenommen wurde, ist eine Frontschaufel-Version der Baureihe 375. Angetrieben wird der Bagger von einem Cat 3406C-Diesel, der es auf eine Leistung von 428 PS bringt. Foto: Caterpillar

Mit dem Caterpillar 980G wagte sich Caterpillar 1995 in das Segment der größeren Radlader. 300 PS stehen dem Stromlinien-Lader zur Verfügung. Die Kapazität der Schaufel liegt zwischen drei und fünf Kubikmetern. Foto: Urs Peyer

ordentlich schätzten und die Produktivität der Maschine dramatisch verbesserte. Das war auch einer der Gründe, der den 690D zum best-verkauften Tiger-Radlader aller Zeiten machte. 1994 stellte Tiger den 590, der viele Elemente vom Caterpillar 990-Radlader übernahm, neben die großen Modelle. 1996 schließlich wurde der 590 zum 590B aufgewertet.

Im September 1996 stellte Tiger Engineering mit dem 790G einen noch größeren Radlader vor, der auf dem Cat 992G aufbaute, aber keine Chance mehr bekam, seine Qualitäten unter Beweis zu stellen, weil Caterpillar Mitte 1997 die Produktionsrechte an dem Modell und dem 590B aufgekauft hatte. Mitte 1998 wurden die ehemaligen Tiger in die Caterpillar-Modellpalette integriert und kamen als Cat 854G beziehungsweise 844 auf den Markt. Diese neuen Cat-Maschinen kamen nun zu den insgesamt 150 Tiger-Modellen, die weltweit verkauft worden waren, hinzu.

Caterpillar nutzte die „Australian Connection" auch bei der Herstellung von Untertage-Geräten. Zusammen mit Elphinstone Inc. und Dale B. Elphinstone (Tasmanien) bildeten die Amerikaner ein Joint Venture zum Bau von Fahrzeugen für den Untertage-Bergbau. Die Elphies, wie die Vehikel in Australien genannt werden, benutzen die Antriebsstränge und die Rahmenkonstruktionen von Caterpillar. Die Unterflur-Laster und die Gelenklaster sind Elphinstone-Entwicklungen, die aber ebenfalls zahlreiche von Caterpillar entwickelte Teile nutzen. Dazu zählen Motoren und Getriebe. Der größte und modernste Laster für den Untertage-Einsatz ist der R2900 Super 20, der 1999 auf den Markt kam.

Obwohl Caterpillar zahlreiche neue Maschinen aus diesen und anderen Joint Ventures in einer atemberaubenden Geschwindigkeit einführte, investierte man dennoch viel Zeit und Geld in die Weiterentwicklung

1996 stellte Caterpillar die C-Serie seiner Lader vor, die zu den besten Maschinen gehören, die man kaufen kann. Dazu trägt unter anderem der Cat 3054T-Diesel bei, der 93 PS leistet. Foto: Caterpillar

der etablierten Produktlinien. Dies betraf vor allem die hydraulischen Bagger, die sich in einer kaum noch nachvollziehbaren Geschwindigkeit vermehrten. Fast hatte man den Eindruck, als würde das Unternehmen jede Woche mindestens eine neue Version vorstellen. Anfang 1992 kam die vollkommen neu entwickelte 300-Serie zu den Händlern. Dank der Kombination aus Erfahrung mit früheren Entwicklungen und den aus Japan stam-

Für große Aufgaben in Steinbrüchen wurde der 1993 vorgestellte Radlader 990 entwickelt. Der 990 basierte auf dem 992D, mit dem er sich das Antriebsaggregat Cat 3412-Diesel teilte. Allerdings leistete der Motor mit 610 PS wegen der geringeren Ladekapazität weniger als im 992D. 1995 wurde die PS-Zahl mit der Markteinführung der Serie II auf 625 angehoben. Foto: Caterpillar

menden Modellen der E-Serie zeigten die neuen Bagger ihre technologischen Muskeln. Diese Bagger waren nicht nur stark, sie hatten auch Grips. Dank modernster Mikrochips, die Motor und Hydraulik steuerten und die Motorkraft den jeweiligen Bedingungen anpassten, verfügten die Bagger über alle Fähigkeiten, die man sich wünschen konnte. Die ersten vorgestellten Modelle waren die 320, 325 und 330. Der 320 ersetzte den betagten E200B und den 215D, der 325 übernahm den Platz des 225D und der 220 löste den E300B ab. 1993 kamen die wesentlich größeren Modelle 350 und 375 auf den Markt. Der 350 war der Nachfolger des 235D, während der 375 an der Spitze des Programms den beliebten 245D in Rente schickte. Doch das war erst der Anfang. Im Laufe der folgenden Monate kam ein hydraulischer Bagger nach dem anderen auf den Markt, so dass die Baureihe am Ende jeden Wunsch erfüllen konnte.

Mit der Markteinführung der größeren 5000-Serie für den Tagebau Ende 1992 schrieb Caterpillar ein neues Kapitel der Firmengeschichte. Das erste Modell war der 5130, dem bereits Ende 1993 der 5080FS folgte. Der 5080FS war im Prinzip eine Frontschaufel-Variante des Hochlöffelmodells 375. Nach der Einführung des großen 5230FS begann das Unternehmen mit der Entwicklung eines mittleren Modells, das seinen Platz zwischen dem 5080 und dem 5130 finden sollte. 1996 entstand als erstes Modell dieser Baureihe der Hochlöffelbagger 5110. Nachdem einige Exemplare dieses Baggers gebaut worden waren, entstand auch eine Version mit Frontschaufel. Die 5110-Modelle waren allesamt als Vorserie gedacht und kamen daher nicht auf den Markt. Nach ausführlichen Erprobungen und Untersuchungen wurde die Entwicklung noch einmal gründlich überarbeitet, um im Herbst 2000 als 511B schließlich ausgeliefert zu werden.

Neben der kaum übersehbaren Vielfalt an Baggern bietet Caterpillar gleichzeitig eine ebenso vollständige Palette von Schaufeln und alle nur erdenklichen weiteren Ausrüstungen an. Neben den Angeboten von Balderson – das Unternehmen wurde Ende der fünfziger Jahre von Caterpillar gekauft – wurden auch die Produkte weiterer Firmen ins Angebot aufgenommen, um jeden Kundenwunsch erfüllen zu können. Dazu gehört auch 1996 der Kauf der deutschen Firma Vibra-Ram, die sich auf Abrisswerkzeuge spezialisiert hat. 1998 kam die holländische Veratech B.V. hinzu, die hydraulische Hämmer herstellt, und ebenfalls 1998 kam das amerikanische Unternehmen Material Handling Systems aus Marion, Ohio, spezialisiert auf Teile für hydraulische Bagger, in den Konzern. Im gleichen Jahr

Im Segment der 85- bis 95-Tonnen-Klasse war der 1974 vorgestellte Caterpillar 777 der unumstrittene Marktführer. Diese Position wurde durch den 1996 eingeführten 777D noch weiter untermauert. Dem Muldenkipper stehen 938 PS des Cat 3508B EUI-Diesel zur Verfügung. Foto: ECO

Caterpillar begann 1999 mit der Markteinführung einer ganz neuen Lader-Generation, die Teil der neuen Ausrichtung des Unternehmens war. Zu den neuartigen Maschinen gehörten auch Minibagger und kleine Radlader. Die neue Baureihe umfasste die Modelle 216, 226, 228, 236, 246 und 248. Das abgebildete Modell 236 verfügt über 59 PS, die der Cat 3034-Diesel liefert. Foto: Caterpillar

ging man mit dem finnischen Unternehmen Tamrock-Corporation ein Joint Venture ein, das sein Hauptquartier in Slough, Großbritannien, hat und auf hydraulische Hämmer spezialisiert ist.

Auch die ebenfalls auf dem Markt fest verankerten Radlader erlebten deutliche Veränderungen. Die Maschinen der G-Serie gehören zu den besten Geräten, die der Konzern jemals entwickelt hat. Beginnend 1995 kamen die ersten Exemplare der neuen Serie zu den Händlern. Den Auftakt machte der kleine 914G, dem wenige Monate später der 980G folgte. Beide Modelle überraschten mit ihrem Stromlinien-Design, was die Sicht nach hinten entscheidend verbesserte. Weitere G-Modelle folgten, bis im September 1996 der 992G auf der MINExpo in

Mit Ausnahme des gigantischen 24H stehen auf dem Hof der Fabrik in Decatur alle Grader-Modelle der H-Serie in Reih und Glied. Foto: Caterpillar

Der in der Größe nur vom 24H übertroffene 16H ist einer der beliebtesten Grader. Die Maschine, die Ende 1994 den 16G ablöste, wird von einem 275 PS leistenden Cat 3406-Diesel angetrieben. Das Messer des Graders hat eine Breite von gut fünf Metern. Foto: Caterpillar

Seit 1968 werden die Schürfzüge der Baureihe 627 gebaut, was aber ihre Beliebtheit bei den Kunden nicht beeinträchtigt. Das Foto zeigt den 627F, der 1994 auf den Markt kam und von einem 225 PS starken Cat 3406C-Diesel im Schlepper angetrieben wird. Im Heck arbeitet ein weiterer Diesel, der die kombinierte Leistung auf 555 PS bringt. Die Kapazität der Maschine liegt bei 15 Kubikmetern. Foto: Caterpillar

Las Vegas als größtes Exemplar der Baureihe vorgestellt wurde. Die Maschine war ein technisches Juwel und löste den 992D ab. Bei dem Lader stachen vor allem die aus einem Gussteil bestehenden Ladearme hervor, was ihn nicht unbedingt zu einem Leichtgewicht machte. Doch mit dem Cat 3508 EUI-Diesel, der 800 PS leistete, war er ausreichend motorisiert, um Laster der 100-Tonnen-Klasse wie den Caterpillar 777D beladen zu können.

1998 begann Caterpillar, einige neue kompakte Maschinen auf den Markt zu bringen, die kleiner waren als alle anderen Maschinen, die man bisher gebaut hatte. Die neuen Geräte teilten sich in drei Kategorien auf: Mini-Hydraulik-Bagger, kompakte Radlader und kleine Raupenlader. Die Baureihe der kleinen Bagger bestand aus den Modellen 301.5 und 302.5. Bei den kompakten Radladern waren es die Modelle 902 und 906. 1999 kamen die kleinen Raupenlader als Modelle 216, 226, 228, 236, 246 und 249 auf den Markt. Diese kompakten Maschinen waren für den Einsatz auf kleinen Baustellen gedacht.

Auch das Lastwagenprogramm wurde in den neunziger Jahren gründlich überarbeitet und verbessert. Ende 1995 kam die neue Kipper-Linie als D-Serie zu den Kunden aus dem Bereich des Tagebaus. Die ersten neuen Modelle waren der 769D und 775D. 1996 folgten 771D, 773D und 777D. Bei den Sattelschleppern eröffneten der D250E Series II und der D300E Series II 1998 den Reigen der Neuheiten. 1999 folgten D350E Series II und D400E Series II. Als Angebot für Bauunternehmer rundet der D400E II als Kipper die Palette ab. So ausgerüstet kann der Lastwagen seine Ladung während der Fahrt entladen, was Zeit spart und die Produktivität der Einheit deutlich verbessert.

Caterpillar beließ es bei den Schürfzügen während der neunziger Jahre bei Modifikationen der einzelnen Modelle. Das Unternehmen bietet unverändert in diesem Segment die vollständigste Baureihe an, doch die Verkaufszahlen gingen ständig zurück, was weniger an der unbestrittenen Qualität der Produkte, sondern vielmehr an der Industrie lag, die sich mehr auf hydraulische Bagger und Sattelschlepper konzentrierte. Sie übernehmen inzwischen die Arbeit der großen Gerätschaften – vor allem, wenn es um kurze Transportwege geht. Bei längeren Wegen sind diese Maschinen noch immer die erste Wahl. In dieser Epoche brachte der Konzern mit dem 611 nur ein vollkommen neu entwickeltes Gerät auf den Markt. Der 1999 vorgestellte Schürfzug ist eine konventionelle Maschine und steht neben dem unverändert weiter gebauten 657E im Programm, der zurzeit der größte Vertreter seiner Gattung ist.

In den vergangenen Jahrzehnten hat Caterpillar zweifellos einige der besten Raupenschlepper der Welt gebaut. Als einziger ernst zu nehmender Konkurrent ist Komatsu aus Japan geblieben, doch dieser Wettbewerb belebt durchaus das Geschäft und spornt vor allem die Ingenieure der beiden Unternehmen an. An der Spitze der Baureihe stehen der D8R und D9R, die beide 1995

Zurzeit ist der 657E der größte Schürfzug im Angebot des Unternehmens. Die bereits 1962 vorgestellte Maschine hat ein Schürfkübelvolumen von 33,6 Kubikmetern. Im Schlepper arbeitet der Cat-Diesel 3412E, während im Heck der 3408E für Antrieb sorgt. In den Gängen eins und zwei stehen 950, in den Gängen drei bis acht 1045 PS zur Verfügung. Foto: Caterpillar

Mit dem D9R fand der D9N einen würdigen Nachfolger. Angetrieben wird der Dozer vom bewährten Diesel Cat 3408C, der 405 PS leistet. Die Maschine wird mit zwei Steuerungssystemen ausgeliefert. Zum einen der bewährten Kupplung-Bremse-Kombination oder aber einer Differenzialsteuerung, die auch beim Drehen ununterbrochene Leistung an beide Ketten liefert. Foto: Caterpillar

Auch im Wald sind spezielle Gerätschaften aus dem Hause Caterpillar zu Hause. Die Modelle 517 und 527 lösten die bewährten Schlepper D4H TSK und D5H TSK ab. Das Bild zeigt einen 150 PS starken 527, der 1996 auf den Markt kam. Foto: Caterpillar

vorgestellt wurden. Ihnen folgen D6R, D7R, D10R und der mächtige D11R. Die beiden größten Maschinen (D10R und D11R) werden beide über einen links vom Fahrer montierten Hebel dirigiert.

Die Rückkehr der Mähdrescher

Die Ursprünge von Caterpillar liegen auf den Feldern der amerikanischen Farmen. Die Maschinen von Holt und Best waren es, die das Unternehmen überhaupt erst haben entstehen lassen. Ohne die Mähdrescher der beiden Pioniere wären die Raupenschlepper vermutlich erst wesentlich später entstanden. Doch im Laufe der Jahre entfernte sich Caterpillar von seinen Wurzeln, um sich ganz auf die Bedürfnisse der Bergbau- und Bauindustrie zu konzentrieren. Gegen Ende des Jahrhunderts sollte sich dies wieder ändern. 1997 wagte sich Caterpillar in den Bereich der Mähdrescher, nachdem man sich vor 62 Jahren aus diesem Geschäft verabschiedet hatte.

Nach dem Zusammenschluss von Holt und Best im Jahre 1925 gründete Caterpillar 1926 in Stockton, Kalifornien, die Western Harvester Co., in denen die Aktivitäten der Holt Harvester Works aufgingen. Das Unternehmen hatte vor allem das Ziel, den Westen der USA mit Erntemaschinen zu versorgen. Im März 1929 erklärte Caterpillar, dass man eine neue Fabrik in East Peoria, Illinois, bauen werde, um dort die Erntemaschinen herzustellen, weil das Gelände in Stockton vor dem Verkauf stand. 1930 begann die Produktion in der neuen Halle HH. Dort entstanden nun die Caterpillar-Mähdrescher, von denen das Unternehmen drei Modelle anbot: Thirty-Four, Thirty-Six und Thirty-Eight. Doch fünf Jahre später lag der Schwerpunkt des Unternehmens nicht mehr im Bereich der Landwirtschaft, sondern in der Bauindustrie. Der Börsenkrach und die folgende schwere Wirtschaftskrise waren ebenfalls nicht sonderlich hilfreich, so dass Caterpillar 1935 die Produktionsrechte an den Mähdreschern an Deere & Company veräußerte und sich aus dem Markt der Erntemaschinen verabschiedete.

Erst Anfang der neunziger Jahre wagten sich die Cat-Ingenieure wieder auf dieses Gebiet. Zusammen mit einem anderen Unternehmen baute Caterpillar 1993 einen Prototyp, der als „Bi-Rotor Combine" auf einigen Landwirtschaftsausstellungen gezeigt wurde, um die Reaktion der Landwirte zu testen. Doch die Zeit war noch nicht reif. Nach einer genauen Analyse des Projekts kam die Konzernleitung zum Schluss, dass die Produktion des Mähdreschers schlicht zu teuer werden würde. Man musste also eine andere Lösung finden.

Hinter dem legendären D11R ist der D10R das zweitgrößte Angebot für die Bergbauindustrie. 1996 löste die Maschine den D10N ab. Für die notwendige Leistung sorgt ein Cat 3412E-Diesel, der es auf 570 PS bringt. Wie der D11R wird der D10R mit „Fingertip Controls" (FTC) angeboten. Foto: ECO

Im Oktober 1933 war diese Kombination aus Dieselschlepper Thirty-Five und Mähmaschine Thirty-Six in Humboldt, Minnesota, im Einsatz. Der Thirty-Six war mit 4001 zwischen 1927 und 1935 gebauten Exemplaren die bei weitem beliebteste Mähmaschine, bevor die Entwicklung an Deere & Company verkauft wurde. Foto: Caterpillar

Die 1997 besiegelte Zusammenarbeit mit Claas brachte die Mähmaschinen des deutschen Unternehmens als Caterpillar-Produkte in die USA, während die Caterpillar-Trecker der Challenger-Baureihe als Claas-Modelle in Europa verkauft wurden. Foto: Urs Peyer

Anstatt eine vollkommen neue Einheit zu bauen, entschloss man sich, auf Partnersuche zu gehen, um ein Joint Venture oder eine andere Art der Zusammenarbeit zu finden. Als potenzieller Partner nahmen die Verantwortlichen New Holland ins Visier, doch bei einem Besuch in Deutschland fanden die Cat-Späher die Mähdrescher des Unternehmens Claas KGaA in Harsewinkel einfach unwiderstehlich und beschlossen, dass diese Mähdrescher das Cat-Markenzeichen verdienten. Caterpillar hatte schon 1987 mit Claas zusammengearbeitet und Motoren sowie das Mobil-trac-System (MTS) an die Deutschen geliefert, die damit die Mähdrescher 116CS und 228CS ausrüsteten.

Im Februar 1987 war die Verbindung perfekt. Das Joint Venture Caterpillar Claas America verkaufte die deutschen Mähdrescher in den USA als Caterpillar-Produkte, während die Challenger-Trecker als Claas-Produkte in Europa angeboten wurden. Unter der grün-weißen Lackierung verbarg sich allerfeinste Caterpillar-Technik.

Die ersten Modelle der Caterpillar-Lexion-Baureihe waren die Maschinen 460, 465 480 und 485, die im Herbst 1997 den Landwirten der USA angeboten wurden. Diesen ersten Exemplaren folgte später im Jahre 1998 das Modell 450, und noch ein Jahr später kam schließlich der Lexion 470 auf den ländlichen Markt. Lexion 450, 460, 470 und 480 fahren auf Gummibereifung, während die Modelle 465 und 485 mit einem Bandlaufwerk aus dem Mobil-trac-System bestückt sind, was ihnen herausragende Qualitäten in der Fortbewegung und der geringen Bodenverdichtung gibt. Alle Mähdrescher werden von Cat-Motoren angetrieben.

Die längerfristige Zusammenarbeit der beiden Unternehmen scheint gesichert. Ende 2001 wird Claas in Omaha, Nebraska, mit der Produktion der Lexion-Mo-

Im Mittleren Westen der USA setzen sich die Kombinationen aus Lexion-Mähmaschinen und Challenger-Traktoren mehr und mehr durch. Das Bild zeigt einen Mähdrescher Lexion 485, der einen von einem Challenger 55 gezogenen Anhänger belädt. Foto: Caterpillar

Ein Caterpillar 485 versucht im Herbst 1999 irgendwo in Illinois noch vor Sonnenuntergang so viel wie möglich zu ernten. Der 485 ist mit dem „Mobil-trac-System" ausgerüstet, das eine übermäßige Verdichtung der Böden verhindert. Foto: ECO

delle für den amerikanischen und australischen Markt beginnen, während alle anderen Märkte von der deutschen Claas-Fabrik aus bedient werden. Caterpillar-Mähdrescher sind nun wieder ein vertrauter Anblick auf den Feldern der USA, so wie einst die Maschinen von Holt und Best.

IA3835
VEH.DEY.

12
DIE GUTEN, DIE SCHLECHTEN UND DIE HÄSSLICHEN

MILITÄRISCHE, EXPERIMENTELLE UND PROTOTYPEN-MODELLE

Einige der interessantesten Caterpillar-Entwicklungen sind der Öffentlichkeit unbekannt, weil sie entweder für militärische Zwecke gebaut werden oder aber in Prototypen unter großer Geheimhaltung arbeiten. Doch viele der technischen Leistungen überschritten die Grenzen dessen, was man in jenen Tagen für machbar hielt. Dabei sind naturgemäß die Prototypen besonders aufregend, weil sie zeigen, welche Prozesse notwendig sind, um eine Maschine von den ersten Strichen auf dem Papier bis zur Produktionsreife gelangen zu lassen. Häufig entsprechen die ersten Modelle weitgehend den späteren Serienversionen, doch immer wieder sind viele Zwischenschritte nötig, um endlich die Lösungen zu finden, um auf dem Markt bestehen zu können. Bei den experimentellen Modellen geht es zumeist darum, ein bestimmtes Design oder Konzept zu testen. Manchmal steht am Ende die Serie, oder aber die Feststellung, dass man Zeit und Kosten in die falsche Richtung investiert hat.

Mit der heutigen Technik kann man eine Maschine mit Hilfe ausgefeilter Computerprogrammen bauen und testen. Dank der 3D-Technik können die Ingenieure jedes Teil eines neuen Gerätes am Schirm genau untersuchen und auch bereits erste Tests durchführen. Damit lässt sich viel Entwicklungszeit einsparen, was den Pionieren der Branche nicht möglich war. In der Zeit vor dem Computer konnten die Ingenieure nicht anders, als ihre Entwicklungen

Der Caterpillar 657 Dual-Bowl gehörte 1967 zu den größten selbstladenden Schürfzügen, die jemals vom Unternehmen getestet wurden. Die Einheit bestand aus zwei unabhängig betätigten, 16 Kubikmeter fassenden Kübeln, die in der Mitte der Maschine miteinander verbunden waren. Der Prototyp nutzte die selben Motoren wie das Standardmodell 657 und kam so auf eine Leistung von 900 PS. Foto: ECO Collection

Das Holt 120 Long-Track Model T-24 wurde noch 1918 für den Einsatz an den Fronten des Ersten Weltkriegs entwickelt. Der mit einem mächtigen Sechszylinder ausgerüstete Schlepper wurde von der Army getestet, doch nach dem Waffenstillstand wurde der Schlepper nicht mehr benötigt. Foto: Caterpillar

Im Zweiten Weltkrieg baute Caterpillar zwei schwere Schlepper für den militärischen Einsatz. Zwischen 1942 und 1943 wurden die Modelle „High Speed D6" und „D7 Heavy Tractor M1" gebaut. Dank angehobener Drehzahlen waren die beiden Einheiten knapp 18 km/h schnell. Das Foto zeigt einen High Speed D7 mit Hyster-Winde. Foto: ECO Collection

von Beginn an in Eisen zu gießen. Entwicklungsarbeit war daher sehr kostspielig – denn wenn ein Design nicht funktionierte, musste man wieder zurück ans Zeichenbrett und ganz von vorne anfangen.

Natürlich muss auch eine Entwicklung aus dem Computer vor dem Beginn der Serienproduktion irgendwann einmal gebaut und unter echten Bedingungen erprobt werden. Doch dafür verlangen die Ingenieure nach einer kontrollierten und abgeschirmten Umgebung, wo man vor den neugierigen Augen der Konkurrenz sicher sein kann. Caterpillar hat gleich mehrere Testgelände. Die wichtigsten sind die Peoria Proving Grounds (PPG) und die Tuscon Proving Grounds.

Für große Maschinen und Tests in großer Hitze schuf Caterpillar 1945 die Phoenix Proving Grounds auf einem vom Staat Arizona gepachteten Gelände. 1990 entstanden die Tuscon Proving Grounds. Das Gelände befindet sich knapp 300 Kilometer südlich von Phoenix in unmittelbarer Nähe einer Kupfermine. Die Bedingungen dort sind ideal für Bergbaumaschinen. Zwei Abteilungen sind dort untergebracht: zum einen Test und Entwicklung (1990 eingerichtet) und zum anderen das Tinaja Hills Training Center, in dem die Marketingabteilung Trainings- und Konferenzeinheiten unterhält. Das PPG und die Anlage in Tucson geben Caterpillar zweifellos einen Vorsprung vor seinen Mitbewerbern, von denen viele keine eigenen Testgelände besitzen; was vielleicht ein Grund für die Überlegenheit der Caterpillar-Maschinen ist.

Militärische Maschinen

Im Laufe der Jahre hat Caterpillar viele Maschinen für den militärischen Einsatz entwickelt oder beeinflusst. So wurde die Erfindung des Panzers im Ersten Weltkrieg ganz entscheidend von Holts Entwicklungen der damaligen Zeit angestoßen. Benjamin Holt hat den Panzer zwar nicht erfunden, aber die Demonstrationen seiner Kettenfahrzeuge vor Vertretern interessierter Länder – vor allem Großbritanniens – wirkte zweifellos befruchtend, was den Einsatz von derartigen Gefährten auf den Schlachtfeldern anging.

Holt konzentrierte sich – von wenigen Ausnahmen abgesehen – kaum auf die Entwicklung von Maschinen, die direkt für den militärischen Einsatz gedacht waren. 1916 versuchte sein Unternehmen die Aufmerksamkeit des Militärs mit dem Holt 12 (Model Series F-KEB) zu wecken. Der kleine Schlepper wurde von einem Vierzylinder-Beaver-Motor angetrieben. Die Besonderheit der Entwicklung bestand in ihrem rollengelagerten Gussrahmen. Doch die Regierung biss nicht an. Nach den Aufzeichnungen der Firma entstand nur ein Exemplar, das zur Erprobung an das Militär ausgeliefert wurde und von dem man danach nichts mehr hörte.

Ende 1915 wurde der Holt 18 (Model Series E-JB) für den militärischen Einsatz modifiziert. Angetrieben wurde der Schlepper von einem Vierzylinder-Beaver-Motor. Nur fünf Exemplare wurden gebaut und offensichtlich von einigen staatlichen Stellen getestet. 1918 ließ Holt die Baureihe auslaufen. Von den fünf hergestellten Typen waren zwei speziell für ihren Einsatzzweck vorbereitet. Einer, das Model T-11A, hatte spezielle Ketten, während das andere Exemplar, Model T-1B, mit einem Achtzylindermotor von Hershel Spillman ausgerüstet war. Alle Holt-18-Modelle, auch die Specials, entstanden in der Fabrik in East Peoria.

Holt baute 1918 in Zusammenarbeit mit der Army einen kleinen Artillerieschlepper in der 2½-Tonnen-Kategorie. Der T-13, wie er von den Militärs genannt wurde, hatte als Antrieb einen 70 PS starken Cadillac-Motor und sollte eigentlich sechs Pferde ersetzen. Doch im Gegensatz zu den Pferden scheiterte der Schlepper beim Versuch, ein Gewässer zu durchqueren. Das war nur eines der Defizite, die sich im Einsatz ergaben. 87 Einheiten entstanden unter Lizenz bei der Federal Motor Truck Company, während die Interstate Motor Company noch einmal sieben Exemplare herstellte.

Zu Holts weiteren militärischen Entwicklungen zählen auch die Schlepper mit langen Ketten, die 1917 und 1918 hergestellt wurden. Diese Maschinen waren für den Einsatz im rauen Gelände gedacht und sollten auch in der Lage sein, steile Uferböschungen zu bewältigen. 1917 wurden die ersten Exemplare des Holt 45 Long-Track in Peoria getestet. Bei der Army wurden die Schlepper zum Zehntonner-Artillerieschlepper M1917. Der Schlepper basierte auf dem Modell 45, hatte aber längere Ketten, um die steilen Uferanstiege meistern zu können, ohne dabei die Frontpartie des Gefährts zu beschädigen. 1918 wurde eine verbesserte Variante des Konzepts mit einer kürzeren Ketteneinheit getestet. Der größte in dieser Reihe erprobte Schlepper war der große Holt 120 Long-Track, der sich als echtes Kraftpaket herausstellte. Mit einem Gewicht von knapp 15 Tonnen erwies er sich als hervorragender Artillerieschlepper, kam aber zum falschen Zeitpunkt. Bei der Maschine handelte es sich um einen normalen 120, dem allerdings das vordere Hilfsrad fehlte und der statt dessen über längere Ketten verfügte. Doch nachdem der Waffenstillstand unterzeichnet war, bestand für den 120 Long-Track kein Bedarf mehr, so dass es bei dem einen gebauten Modell blieb.

Holt entwickelte für die Army neben den Schleppern auch die erste motorisierte Geschützlafette. Den Anfang machte 1915 die Holt 55-I (T-15), die anfangs mit einem Drei-Zoll-Flakgeschütz getestet wurde. Das wurde später entfernt und durch eine Acht-Zoll-Haubitze ersetzt. Dies war die erste motorisierte Geschützlafette, die von der U.S. Army eingesetzt wurde, nachdem die ersten Tests erfolgreich verlaufen waren.

Nach der Fertigstellung des 55-I überzeugte die U.S. Army Pliny E. Holt, der sich bei der Entwicklung der Lafette die meisten Lorbeeren verdient hatte, davon, die Holt Manufacturing Company zu verlassen und sich ausschließlich der weiteren Entwicklung der Geschützlafetten zu widmen. Die ersten Exemplare wurden von der Army unter seiner Aufsicht gebaut. Dabei handelte es sich um die Typen Mark I, Mark II, Mark III und Mark IV, die alle 1918 hergestellt wurden.

Weitere Modelle, die in der Fabrik in Stickton gebaut wurden, waren die Mark VI (1920), Mark VII (1919), Mark VII als Lastenträger (1918), der auch Caisson Mk VII genannt wurde, und der Mark X (1921), der später als „4.7-inch Gun Motor Carriage Mk X" klassifiziert wurde. Diese Caterpillar-Prototypen waren die Basis für

Die Schlepper D6 und D7 waren zwei vollkommen gepanzerte Schlepper, die allerdings wegen der großzügigen Panzerung an der Front nur sehr schwer zu reparieren waren. Das Foto zeigte einen D6 mit der Seriennummer 1T03001. Foto: ECO Collection

1962 wurde der vielseitige Radlader 830M in Dienst gestellt. Der 830M war entwickelt worden, um drei von der Regierung gekaufte Grader zu ziehen. Ursprünglich verfügte das Modell über 335 PS, was sich Mitte der sechziger Jahre mit dem 830MB auf 357 PS steigerte. Foto: Caterpillar

Die Beteiligung am GOER-Programm begann 1959 mit der Entwicklung des experimentellen Lasters XM437E1. Dank der mit dieser Maschine gewonnenen Erfahrungen sicherte sich das Unternehmen den Auftrag für die Produktion des Lasters. 1961 wurden die ersten Exemplare ausgeliefert. Das Foto zeigt einen Achttoner-GOER M877, bei dem es sich im Prinzip um einem M520 handelt, der mit einem Kran aufgerüstet wurde. Foto: Caterpillar

die späteren motorisierten Geschützlafetten der amerikanischen Armee.

Holt entwickelte zwar keine Panzer, half aber bei der Entwicklung einiger bemerkenswerter technischer Lösungen. Eine davon war 1917 der Holt 6-Tonnen-Spezialschlepper, der das Fahrwerk für den Renault-Zweimann-Panzer stellte. 225 Exemplare wurden von Maxwell und anderen Subunternehmen für den militärischen Einsatz gebaut.

1961 baute Caterpillar den Prototyp des „Armored Universal Engineer Tractor" (AUET). Die Produktion des Baumusters, für die ein konkurrierendes Unternehmen den Zuschlag bekommen hatte, begann allerdings erst 1989 und ähnelte ganz erstaunlich dem von Caterpillar entwickelten Prototyp. Foto: Caterpillar

Holt war auch an der Entwicklung von zwei besonders ausgefallenen Panzern beteiligt, die in Zusammenarbeit mit dem amerikanischen Militär entstanden. Zum Einen war dies der Holt T-18 „Gas and Electric Tank Vehicle B-Model E", bei dem er mit General Electric zusammen arbeitete und von dem 1917 ein Exemplar entstand, und zum Anderen der Holt T-20 „Double Steam Tank, Vehicle A-Model E", der 1918 gebaut wurde. Auch von der Version mit Dampfantrieb entstand nur eine Einheit, die nach Frankreich gebracht wurde, und von der man nichts mehr hörte.

Die Mehrheit der von den verschiedenen Abteilungen des amerikanischen Militärs genutzten Schlepper waren zumeist Serienmaschinen, die für die speziellen militärischen Anforderungen modifiziert wurden. Viele von diesem Modellen sind in den vorangegangenen Kapiteln bereits beschreiben worden, doch einige Gefährte waren mehr als überarbeitete Militärvarianten. In den vierziger Jahren baute Caterpillar einige Versionen der D6- und D7-Schlepper, die ausschließlich für den Einsatz an der Front konzipiert waren. Für den schnellen Einsatz von Artillerieausrüstungen baute Caterpillar Hochgeschwindigkeits-Schlepper, die vom Militär als „High-Speed D6" und „D7 Heavy-Tractor M1" genutzt wurden. Beide Einheiten wurden von den Motoren der zivilen Varianten angetrieben, allerdings mit anderen Gangübersetzungen und höheren Drehzahlen. Außerdem hatte man das Fahrwerk für den Einsatz von Hyster-Winden verstärkt. Die Fahrerkabinen waren grö-

ßer und durch eine 18-Zoll-Panzerung geschützt. Insgesamt wurden 453 der Hochgeschwindigkeits-Versionen vom D6 zwischen 1942 und 1943 gebaut. Über den D7 fehlen leider entsprechende Aufzeichnungen.

Ende 1942 kamen die gepanzerten Versionen des D6A und D7A an die Front. Der D6A (S.N. 1T03001) und der D7A (S.N. 1T01001) übernahmen die Antriebseinheit aus den zivilen Typen, hatten aber Direktantrieb. Eine schwere Panzerung schützte Mensch und Technik. Beide besaßen am Heck eine schwere Hyster-D7N-Winde. Das Schild wurde hydraulisch betätigt, wobei die Hydraulikeinheit ebenfalls gepanzert war. Damals verfügten die zivilen Varianten übrigens noch nicht über eine hydraulische Schildkontrolle. Beide Schlepper waren im wahrsten Sinne des Wortes nicht zu schlagen. Nur 45 Exemplare des D6A gingen an die Front, während vom D7A 138 Einheiten produziert wurden.

Nicht alle für das Militär entwickelten Modelle rollten auf Ketten. In den sechziger Jahren baute Caterpillar einen Raupenschlepper, der im Oktober 1962 als 830M in Dienst gestellt wurde. Die Maschine rollte auf Gummibereifung, hatte Allradantrieb und konnte eine ganze Reihe von Aufgaben im Bereich der Erdbewegungen erfüllen. Dazu gehörte auch das Ziehen von Planierraupen, von denen drei verschiedene Modelle angekoppelt werden konnten. Dies waren zum Einen die hydraulisch gesteuerte Einheit von Euclid und überdies zwei konventionell gesteuerte Maschinen von LeTourneau-Westinghouse und Curtiss-Wright. Caterpillar konnte sich mit seinem Angebot nicht durchsetzen. Der erste 830M wurde vom Cat D343-Diesel mit 335 PS angetrieben. Mitte der sechziger Jahre kam der verbesserte 830MB, der nun über 357 PS verfügte, was die Einheit auf eine Höchstgeschwindigkeit von 48 km/h und einem Durchschnitt von 40 km/h beschleunigte.

Daneben spielte Caterpillar beim so genannten „GOER-Projekt" eine wichtige Rolle. „GOER" war ein allradgetriebener Sattelschlepper mit amphibischen Fähigkeiten, der für eine ganze Reihe von Aufgaben vorgesehen war. Die von Caterpillar gebauten „GOERs" wurden vom Sechszylinder-Diesel Cat D333 angetrieben, der 213 PS leistete. Die ersten Exemplare waren noch für den Betrieb mit verschiedenen Kraftstoffsorten gedacht, doch das später eingesetzte Aggregat D333C verlangte ausschließlich Diesel. In den niedrigen Gängen ließ sich „GOER" als Allradler bewegen, auf der Straße wurden nur die Vorderräder angetrieben.

Das Design des 1985 von Caterpillar und Martin-Marietta entwickelten Raketenwerfers für die Midgetman-Atomraketen war nicht unumstritten. Beim „Hard Mobile Launcher" (HML) wurde der Schlepper von Caterpillar, der Anhänger von Martin-Marietta entwickelt. Beide Einheiten nutzten das „Mobil-trac-System" (MTS), das die Techniker vom Challenger-Trecker-Programm übernommen hatten. Foto: Caterpillar

Aus dem Prototyp DW16 wurde später das Serienmodell 619B. Der DW16 – die Aufnahme entstand im Mai 1956 – war mit einem Planierpflug No. 442 verbunden. Der DW16 hatte 212 PS und eine Kapazität von neun Kubikmetern. Foto: Caterpillar

Die Höchstgeschwindigkeit lag zwar bei nominellen 48 km/h, doch das kaum gefederte Fahrwerk mit seinen Starrachsen ließ ein Tempo von 32 bis 40 km/h ratsam erscheinen.

Das „GOER"-Projekt hatte bereits 1959 mit dem 16-Tonner-Allrad-Laster XM437 begonnen, besser bekannt als XM437E1. Den Erfahrungen, die Caterpillar mit diesem Prototyp gesammelt hatte, verdankte das Unternehmen 1960 den Entwicklungsauftrag für eine komplette Baureihe von Acht-Tonnen-GOER-Lastwagen für die Army. 1961 stellte Caterpillar drei „GOER"-Versionen vor: einen Achttonner (M520), den Zehntonner M553 und einen 10.000 Liter fassenden Tanklaster (M559). Mit montiertem Kran fuhr der M520 als M877 vor.

Caterpillar entwickelte und baute 1961 auch 15- und 20-Tonnen-Varianten wie den 15-Tonner XM438E2, eine Weiterentwicklung des 1959 gebauten Prototyps. Doch dieser Auftrag ging später an LeTourneau-Westinghouse. Das 20-Tonnen-Rettungsfahrzeug XM554 war eine vergrößerte Version des M553. Der 20-Tonnen-Abschleppwagen kam ausschließlich von Caterpillar.

In den sechziger Jahren beteiligte sich das Unternehmen auch an der Entwicklung eines Vielzweck-Fahrzeugs, dem so genannten „Armored Universal Engineer Tractor" (AUET), der 1958 von der Forschungs- und Entwicklungsabteilung der Army erdacht worden war. Das Vehikel sollte Aufgaben als Dozer, Planierer sowie Truppen- und Lastentransporter übernehmen. Anfangs stellten sich Caterpillar und International Harvester der Aufgabe und bauten Prototypen. Die Caterpillar-Variante wurde vom Sechszylinder-Diesel Cat D333 mit 300 PS angetrieben. Außerdem verfügte das Fahrzeug über eine für die damalige Zeit fortschrittliche hydropneumatische Federung. Der Chauffeur hatte so die Wahl zwischen einem gefederten und einem steifen Fahrwerk. Gleichzeitig besaß der AUET amphibische Fähigkei-

Die Entwicklung der großen Baureihe 600 der sechziger Jahre startete mit dem DW25, der im März 1959 in den Testbetrieb ging. Designelemente vom DW25 tauchten bei den Zweiachsern der 600-Serie wieder auf. Dem Prototypen am nächsten kam im Design der 630A und bei der Kraftübertragung der 650. Dieser DW25 ist mit einem experimentellen, hydraulisch kontrollierten Grader RM 189 kombiniert. Foto: Jim Gee Collection

Um das Konzept eines Hochgeschwindigkeits-Schürfzugs zu testen, baute Caterpillar zwei Prototypen. Das Foto zeigt ein Exemplar im November 1964. Die Einheit besteht aus einem modifizierten Schlepper D8 und einem Schürfzug No. 632 mit einer Kapazität von 19 Kubikmetern. 1967 ging die Serienversion als 657 Tractor-Scraper in Serie. Foto: ECO Collection

Der 659 Cross Belt Loader entstand 1967 und war als Ergänzung der selbstladenden Schürfzüge gedacht. Angetrieben wurde der 659 vom Cat D346 im Schlepper und einem D343 im Heck. Die Förderschnecke wurde von einem D333 angetrieben, was eine Leistung von insgesamt 1140 PS ergab. Foto: ECO Collection

Im Juni 1966 überraschte Caterpillar die Fachwelt mit diesem futuristischen leichtgewichtigen Schürfzug: dem „Light Weight Scraper" (LWS). Ein Cat 1673-Diesel leistete 207 PS. Die Ingenieure des Hauses planten sogar noch eine größere Maschine mit zwei Dieselaggregaten, die zusammen 600 PS leisten sollten, doch am Ende entstand lediglich dieses eine Exemplar mit einer Kapazität von knapp sieben Kubikmetern. Foto: Jim Gee Collection

ten. Das ganze Jahr 1961 über wurde jedes Detail des neuen Fahrzeugs ausführlich getestet. Nachdem diese Erprobungen in Peoria abgeschlossen waren, wurde der Prototyp im Juli 1962 nach Fort Belvior gebracht.

Obwohl noch weitere Versionen getestet wurden, bevorzugte die Army das von International Harvester gebaute Modell – so hatte es wenigstens den Anschein. Der UET, wie das Projekt nun genannt wurde, erfuhr noch zahlreiche Überarbeitungen und beschäftigte noch einige Lieferanten. Als die Army 1989 schließlich die Produktion des M9 „Armored Combat Earthmover" (ACE) beschloss, hatte das nun von der BMY Company in York, Pennsylvania, gebaute Fahrzeug erstaunliche Ähnlichkeiten mit dem von Caterpillar 28 Jahre zuvor entwickelten Prototyp. Die träge staatliche Bürokratie und Einsparungen waren für die überaus lange Entstehungszeit des Gefährts verantwortlich. Das Programm war zugleich ein Lehrstück dafür, wie man ein militärisches Fahrzeug nicht konzipieren sollte. Während der fast 30-jährigen Entwicklungszeit hatte sich das spätere Modell kaum vom ersten vorgestellten Baumuster entfernt.

Zusammen mit dem Rüstungskonzern Martin-Marietta entwickelte und baute Caterpillar die mobile Abschussrampe für Midgetman-Atomraketen. Der HML (Hard Mobile Launcher) wurde 1985 als Testfahrzeug enthüllt. Mit diesem Fahrzeug wollten die Militärs ihre Waffen beweglich einsetzen, um sie so vor einem möglichen Angriff zu schützen. Der HML war Teil der militärischen Abschreckung gegenüber den Sowjets. HML bestand aus einem Truppentransporter mit der aktuellen MTS-Technologie und einem Raketenwerfer, den Martin-Marietta entwickelt hatte, der das Caterpillar „Mobil-trac-System" nutzte. Das Zugfahrzeug wurde vom V12-Diesel Cat 3412 mit 750 PS befeuert. Der Motor lieferte auch die Energie für den Raketenwerfer. Dank seiner Höchstgeschwindigkeit von 80 km/h konnte er seinen Einsatzort schnell wechseln und sich dank des Bandlaufwerks auch im Gelände bewegen. Darauf hatten die militärischen Auftraggeber besonderen Wert gelegt. Am Ende entschieden sich die Militärs aber gegen das gut 80 Tonnen wiegende Fahrzeug und wählten das von Boeing Aerospace und Goodyear Aerospace entwickelte Modell.

Dieser Lastwagen 783 – die Aufnahme entstand im August 1965 – war der erste 100-Tonner mit seitlichem Kipper und Diesel-Elektroantrieb. Der D348-Diesel lieferte 960 PS, die zwei von Caterpillar entwickelte elektrische Traktionsmotoren in der Mitte der Antriebsachse mit Kraft versorgten. Der Kipper konnte nach links und rechts kippen. Foto: ECO Collection

Erdbewegungsmaschinen

Unter den zahlreichen Maschinen für Erdbewegungsarbeiten, die Caterpillar im Laufe der Jahrzehnte baute, befinden sich auch zahlreiche experimentelle Modelle. Diese technischen Übungen erklären am Ende auch die dominierende Rolle, die der Konzern auf diesem Gebiet einnimmt.

In den späten fünfziger, sechziger und siebziger Jahren waren die Entwicklungsingenieure des Hauses besonders ideenreich, was vor allem den motorisierten Schürfzügen zu Gute kam. Ende der fünfziger Jahre wandte sich Caterpillar den hydraulisch bedienten Schürfzügen zu. Einer der ersten Prototypen nutzte noch ein Design von Buster Peterson, der allerdings mit zwei Lösungen aus der Fabrik in Joliet konkurrieren musste. Anfangs benutzten beide Prototypen noch eine Mischung aus mechanischer und hydraulischer Steuerung, doch nachdem man die Peterson-Lösung analysiert hatte, machte sich das Team in Joliet noch einmal an die Arbeit und konzentrierte sich 1959 ganz auf die Hydraulik und hatte damit Erfolg. 1960 entschied sich das Management zu Gunsten der Lösung aus Joliet und beendete die Arbeiten am Peterson-Modell.

In den sechziger Jahren entstanden zahlreiche neue Entwicklungen, mit denen Caterpillar die Produktivität der selbstladenden Schürfzüge weiter verbessern wollte. Eines der ersten Modelle war der Hochgeschwindigkeits-Schürfzug, der 1964 entstand. Bei den ersten Konzepten benutzten die Ingenieure einen stark modifizierten D8-Schlepper, bei dem der Chauffeur nun auf der linken Seite der Maschine saß. Daran angekoppelt war der Schürfzug No. 632 mit einer Kapazität von 21 Kubikmetern. Dank der zur Verfügung stehenden 205 PS hatte die Maschine eine Höchstgeschwindigkeit von 19 km/h.

1966 gingen die Techniker mit dem Modell 657 noch einen Schritt weiter. Die Ladeeinheit besaß eine Kapa-

Nachdem sich das Management gegen den seitlichen Kipper entschieden hatte, versuchten die Ingenieure das 783-Programm zu retten, indem sie den ursprünglichen Prototyp mit einem Muldenkipper ausrüsteten. Gleichzeitig wurde die Fahrerkabine auf das Niveau des 779 gebracht. Doch alle Versuche kamen zu spät. Wegen der Probleme mit dem Diesel-Elektroantrieb schlief das Programm langsam ein, und nur ein Exemplar wurde jemals gebaut. Foto: ECO Collection

In den sechziger Jahren war der experimentelle Caterpillar 786 Coal Hauler der größte Transporter für die Bergbauindustrie. Der 240-Tonner wurde im Oktober 1965 vorgestellt. Der Gigant hatte zwei Schlepper, die jeweils mit einer eigenen Fahrerkabine ausgerüstet waren. Foto: Caterpillar

Angetrieben wurde der 786 von einem Diesel-Elektrosystem, das seine Power von zwei V-Zwölfzylinder-Dieseln mit zusammen 1920 PS bezog. Nur die Frontachsen der Schlepper wurden angetrieben. Das gut 30 Meter lange Monster konnte – auch voll beladen – eine Höchstgeschwindigkeit von 48 km/h erreichen. Foto: Caterpillar

Die ersten Vorserienmodelle entstanden im Juli 1968 in Deacatur. Insgesamt wurden vier Versuchsträger gebaut. Später entstanden die weiteren 786er in der Fabrik in Joliet. Foto: Caterpillar

Caterpillar baute auch einige Lastwagen, die für Highways geeignet waren. Das erste Modell war ein 23-Tonner, der 1967 entstand. Das Modell hatte vier Achsen und wurde über die erste, zweite und vierte Achse gesteuert. Der Sechszylinder-Diesel Cat 1673 leistete 324 PS. Foto: ECO Collection

Ein zweites Modell der Lastwagen-Baureihe für Highways war der 1967 vorgestellte 25-Tonner. Im Gegensatz zum 23-Tonner verfügte der größere Lastwagen über Achtradantrieb. Der Cat 1676 leistete 340 PS, doch das Management entschied sich gegen eine Serie, weil man die Produktionskosten für zu hoch hielt. Foto: Caterpillar

Vor der Entwicklung der hoch gesetzten Antriebsräder, genannt Deltaantrieb, dachte man 1967 an eine ähnliche Lösung für den experimentellen Dozer 988. Weil sich die Defekte an den Reifen der großen Radlader als sehr kostspielig erwiesen, versuchte man, dem mit einem Kettenantrieb entgegen zu wirken. Foto: Bob Purcell Collection

zität von 33,6 Kubikmetern und war dem „normalen" Zug 657 entnommen worden. Anstelle der hinteren Reifen sorgten nun allerdings Hochgeschwindigkeits-Ketten für Traktion, die von einem Sechszylinder-Diesel mit 400 PS angetrieben wurden. Als Schlepper kam wieder eine stark modifizierte D8-Einheit zum Einsatz, die 360 PS mobilisierte.

1967 wurden drei weitere selbstladende experimentelle Maschinen auf dem Testgelände von Peoria erprobt. Ein Exemplar war der von Buster Peterson entwickelte 657 „Hoeing Apron Scraper". Die anderen Maschinen waren von der hauseigenen Entwicklungsmannschaft erdacht worden. Dabei handelte es sich um den 657 „Dual-Bowl Scraper" und den 659 „Cross Belt Loader". Der „Dual-Bowl" war ein Standard-Schürfzug der Baureihe 657 mit vorne und hinten angedockten Antriebsmodulen. Der Zug verfügte über zwei Schürfkübel, die jeweils 18 Kubikmeter fassten. Dabei wurde zuerst der erste Kübel gefüllt und dann der hintere. Die beiden Antriebseinheiten lieferten insgesamt 900 PS.

Beim 659 „Cross Belt Loader" handelte es sich um einen Elevator-Schürfzug mit einer rechts montierten Förderschnecke. Beim Bau des 659 verwendeten die Ingenieure zumeist Teile aus dem 657 und fügten nur die Ladevorrichtungen an. Der Schürfzug konnte ohne Unterbrechung der Schürfarbeit einen neben der Einheit postierten Lastwagen beladen. Wie beim „Dual-

Bei einer anderen Variante des Kettenladers 988 versuchten die Caterpillar-Ingenieure 1968, das Beste aus zwei Welten zu kombinieren. Um Kosten zu sparen, montierte man Reifen am Heck und ließ die Front auf Ketten rollen. Bei einer weiteren Version, die auf Basis eines gebrauchten 988-Laders entstand, beließ man es beim konventionellen Kettenlayout, um die beiden Konzepte besser vergleichen zu können. Foto: ECO Collection

Der erste 988 Carry-Loader entstand 1967. Entwickelt für große Steinbrüche, konnte die Maschine beide Schaufeln beladen, die zusammen auf eine Kapazität von neun Kubikmetern kamen. Die ersten Exemplare der Vorserie entstanden im Oktober 1969. Im Januar 1970 begann die Serienproduktion. Doch dann zeigten sich die ersten Ermüdungsrisse, und die Modelle wurden schnell wieder vom Markt genommen und verschrottet. Foto: ECO Collection

Bevor der moderne Radlader 994 ins Lieferprogramm kam, gab es schon einmal ein Modell mit dieser Typenbezeichnung. 1969 entstand der große Lader mit Diesel-Elektroantrieb, der mit einem 960 PS starken V12-Diesel Cat D348 ausgerüstet war. Die Schaufel hatte eine Kapazität von 13 Kubikmetern. Im Juli schlugen die Techniker aufs Neue einen 994-Lader mit etwas größerer Kapazität vor, doch das Management senkte auch über diesem Konzept den Daumen. Foto: Larry Clancy Collection

Bowl"-Design arbeiteten auch beim 659 die Motoren aus dem 657. Allerdings standen weitere 240 PS für die Förderschnecke zur Verfügung, was die Gesamtleistung auf beeindruckende 1140 PS brachte. Die Ladekapazität des 659 war mit 2295 Kubikmetern pro Stunde ebenso beeindruckend. Die Kosten pro Tonne lag bei dieser Maschine am untersten Ende der damals verfügbaren Einheiten. Doch am Ende erwies sich der 659 in den Produktionskosten als zu aufwändig, so dass sich das Management nach ausführlichen Erprobungen entschloss, sich auf die Push-Pull-Schürfzüge zu konzentrieren.

1966 wagten sich die Caterpillar-Techniker in die Welt des Leichtbaus und stellten den 3D01 „Light Weight Scraper" (LWS) auf die Räder. Das sehr futuristische Design der Maschine überraschte alle Experten, als der Schürfzug auf dem Testgelände im Juni 1966 enthüllt wurde. Das Konzept des LWS war bereits 1964 skizziert worden. 1965 waren die Entwicklungsarbeiten abgeschlossen. Der Schürfzug wurde von einem Diesel mit 207 PS angetrieben, die über das auch in den „GOER"-Modellen verfügbare Getriebe an die beiden vorderen Achsen mit Zwillingsreifen weiter geleitet wurden. Der Schürfzug musste auf eine hintere Antriebseinheit verzichten und hatte eine Ladekapazität von sieben Kubikmetern.

Wie bereits im Kapitel fünf erwähnt, kam Caterpillar 1965 leicht vom Kurs ab, als man sich bei den Lastwagen an den Diesel-Elektroantrieb wagte. Neben dem 779 baute das Unternehmen zwei weitere Lastwagen, die diesen Antrieb nutzten: den 100-Tonner 783 und den 240-Tonner 786 für Kohletransporte. Wie beim 779 war der Leiter der Lastwagenentwicklung Ralph H. Kress für die Lastwagen mit Diesel-Elektroantrieb verantwortlich.

Der Prototyp 783 war ein 100-Tonner mit drei Achsen, von denen die mittlere angetrieben wurde. Der Laster verfügte über eine seitliche Kippvorrichtung, mit der das Schüttgut nach links oder rechts entladen werden konnte. Als Motor wurde das V12-Diesel-Aggregat Cat D348 aus dem 779 eingesetzt, das 960 PS leistete. Der Diesel-Elektroantrieb stammte von Caterpillar, mit zwei Fahrmotoren in der Antriebsachse. Im August 1965 begann die Erprobung des 783, und im Oktober stand das Fahrzeug sogar auf dem American Mining Congress, doch die Erprobungen zeigten, dass die Entwicklung einiges zu wünschen übrig ließ, so dass die Techniker den Prototyp 1967 noch einmal gründlich überarbeiteten. Unter anderem wurde die Lademulde konventionell als Heckkipper ausgeführt. Das neue Design kam zu spät, so dass trotz weiterer Tests der Laster nie in die Serienproduktion ging. Nur ein Exemplar wurde gebaut.

Der größte Caterpillar-Laster mit Diesel-Elektroantrieb war der gigantische 786-Kohlentransporter, der 1965 enthüllt wurde und viele Antriebselemente mit dem 779 und 783 teilte. Der 786 hatte in jedem Schlepper jeweils ein Antriebsaggregat, das jeweils die Vorderachse beider Einheiten antrieb. Die beiden Cat

D348-Diesel kamen zusammen auf 1920 PS. Mit einer Ladekapazität von 240 Tonnen war der Gigant das größte Fahrzeug seiner Art. Der 786 entstand in Zusammenarbeit mit der Southwestern Illinois Coal Corporation. Kress hatte bereits im September 1952 einen derartigen Laster skizziert, als er noch bei Dart Truck beschäftigt war. 1966 und 1967 wurde der Prototyp des 786 (1A) in der Captain Mine des Entwicklungspartners getestet. Dem ersten Exemplar folgten noch vier Vorserienmodelle (81A/80A), von denen das Erste im Juli 1986 fertig gestellt war. Diese vier Modelle unterschieden sich vom ersten Prototyp durch überarbeitete Schlepper-Einheiten, die in der Fabrik in Decatur entstanden waren. Der 786 hatte eine Länge von gut 30 Metern und brachte voll beladen 150 Tonnen auf die Waage. Bis 1969 wurden die Einheiten in der Captain Mine eingesetzt. Doch dann verabschiedete sich Caterpillar aus der Welt des Diesel-Elektroantriebs, und alle 786-Laster wurden stillgelegt und dienten bald als Ersatzteillager. Mitte der achtziger Jahre wurde der letzte 786 verschrottet.

Im März 1965 hatte die Caterpillar-Forschungsabteilung ein Konzept für einen gigantischen Schürfzug mit einer Kapazität von 76 Kubikmetern entwickelt, bei dem die Diesel-Elektro-Schlepper des 786 genutzt werden sollten. Mit 2000 PS und einer Nutzlast von 67,5 Tonnen wäre dies eine sensationelle Maschine geworden. Diese Entwicklung hätte eine Alternative zu den Triple 657 aus Petersons Zeiten werden können. Doch eine derartige Maschine hatte zu wenige potenzielle Kunden, so dass sich die Entwicklungskosten wirtschaftlich nicht gerechnet hätten.

Natürlich kümmerten sich die Entwicklungsingenieure auch um die verschiedenen Lader-Typen und brachten entsprechende experimentelle Maschinen in die Erprobung. Als man mit dem hochgesetzten Antriebsrad zu experimentieren begann, testeten die Techniker diese Lösung von April 1967 an in einem 988-Radlader. Mit der Lösung wollte man den Lader für den Einsatz in felsigem Gelände vorbereiten. Für eine kurze Zeit sah es sogar so aus, als solle der Lader als Modell 991 in Serie gehen, doch dann entschlossen sich die für die Produk-

Ende der sechziger und Anfang der siebziger Jahre liebäugelten einige Unternehmen mit der Turbine als Leistungslieferant für ihre großen Maschinen. Bei Caterpillar führten diese Überlegungen im August 1973 zur Entwicklung des Modells 992 mit Gasturbine. Doch die Energiekrise und die danach rapide steigenden Ölpreise stellten das Projekt bald ins Abseits. 1968 hatte Caterpillar auch einen experimentellen Schürfzug mit Turbine (Modell 621) gebaut und sich gegen eine Serienproduktion entschlossen. Foto: ECO Collection

tion Verantwortlichen, den Lader weiter auf Gummibereifung rollen zu lassen, weil diese Lösung kostengünstiger erschien als die komplizierte Kettenlösung. Doch die Idee blieb und fand ihre Verwirklichung im Modell D10 – der Rest ist Geschichte.

Ein weiterer Lader, der fast in Serie gegangen wäre, ist der 988 „Carry Loader", der 1967 seine Erprobungsphase begann. Bei dem Prototypen handelte es sich um einen 325 PS starken 988 mit Heckschaufel, mit der sich die Ladekapazität auf zehn Kubikmeter verdoppelte. Der „Carry Loader" war in erster Linie für den Einsatz in Steinbrüchen gedacht. Dank seiner besseren Balance wurden zudem die Reifen geschont. Im Oktober 1969 gingen die ersten Vorserienmodelle in den Testbetrieb. Im Januar 1970 wurde der 988 offiziell ins Lieferprogramm aufgenommen, doch innerhalb weniger Wochen wieder daraus gestrichen, weil sich die Rahmen der Testmaschinen den Belastungen nicht gewachsen zeigten und Risse entstanden waren. Danach wurden alle „Carry Loader" verschrottet.

Während der Testphase des 992 bauten die Caterpillar-Techniker eine noch größere Maschine mit Diesel-Elektroantrieb. Dieser 994-Lader hatte nichts mit dem später entwickelten gleichnamigen Gerät zu tun, das in den neunziger Jahren entstand. Der experimentelle 994 wurde Anfang 1969 auf dem Testgelände von Peoria erprobt. Angetrieben wurde der Lader vom Diesel-Elektroaggregat aus den Lastwagen. Im 994 leistete der V12-D348 960 PS, die alle Räder antrieben. Die von vier Stangen bediente Schaufel konnte 14 Kubikmeter Ladung aufnehmen. Zusammen mit dem Ende der Entwicklungsarbeiten beim Diesel-Elektroantrieb wurde im Januar 1994 auch der 994 eingestellt.

Während der Erprobung des 994-Prototyps wurde – allerdings nur auf dem Papier – eine Quad-Trac-Version entwickelt. Die Techniker dachten sogar an einen 992 mit hochgesetzten Antriebsrollen, den man als 993 bezeichnete. Doch beide Modelle wurden nie gebaut.

Natürlich entstehen auch heute ständig Prototypen, die gleichermaßen getestet werden. Doch dies geschieht in absoluter Geheimhaltung, so dass man noch nicht wissen kann, wie sich das Unternehmen die Zukunft vorstellt. Doch wenn diese Maschinen für die Produktion frei gegeben werden, kann man sicher sein, dass sie die Tradition von Caterpillar in Sachen Qualität und Zuverlässigkeit fortsetzen werden.

Diese seltsame Maschine – das Foto entstand im Dezember 1967 auf dem Testgelände in Peoria – ist eine Eigenentwicklung der Caterpillar-Ingenieure. Mit diesem Gerät, bei dem sich das Gewicht variieren lässt, testen sie die Leistungsfähigkeit der großen D8- und D9-Schlepper sowie die Quad-Trac-Maschinen und SxS D9G-Dozer. Zwei Männer werden dabei benötigt – einen für den Schlepper und den anderen für die Protokollierung der Ergebnisse. Foto: ECO Collection

BIBLIOGRAFIE

Crimson, Fred W.: *U.S. Military Wheeled Vehicles*, Sarasota, Florida; Crestline Publishing Co., 1983

Crimson, Fred W.: *U.S. Military Tracked Vehicles*, Osceola, Wisconsin; MBI Publishing Co., 1992

The Caterpillar Story, Peoria, Illinois; Caterpillar Inc., 1990

Gowenlock, Philip G.: *The LeTourneau Legend*, Brisbane, Australien; Paddington Publications, 1996

LaVoie, Bob: *Caterpillar Gas Tractor-Restauration & Interchange Manual*, Osceola, Wisconsin; Motorbooks International, 1996

Leffingwell, Randy: *Caterpillar*, Osceola, Wisconsin; Motorbooks International, 1994

Letourneau, P. A.: *Russell Graders Photo Archive*, Minneapolis, Minnesota; Iconografix, 1993

Letourneau, P. A.: *Holt Tractors Photo Archive*, Minneapolis, Minnesota; Iconografix, 1993

Letourneau, P. A.: *Caterpillar Military Tractors Vol. 1*, Minneapolis, Minnesota; Iconografix, 1994

Letourneau, P. A.: *Caterpillar Military Tractors Vol. 2*, Minneapolis, Minnesota; Iconografix, 1994

Letourneau, P. A.: *Caterpillar Photo Gallery*, Hudson, Wisconsin; Iconografix, 1997

Nichols, Herbert L., Jr.: *Moving the Earth* (Third Edition), New York, New York; McGraw-Hill Publishing Co., 1976

Payne, Walter A.: *Benjamin Holt – The Story of the Caterpillar*, Stockton, California; University of the Pacific, 1982

INDEX